A atmosfera terrestre

Mario Tolentino

Professor Titular aposentado do Departamento de Química da Universidade Federal de São Carlos, de cuja implantação participou. Autor de diversos artigos e livros na área de Educação em Química, tendo se especializado em Metodologia do Ensino da Química no Beaver College (EUA).

Romeu C. Rocha-Filho

Mestre em Físico-Química e Doutor em Ciências pela Universidade de São Paulo. Professor do Departamento de Química da Universidade Federal de São Carlos. Autor de livros e artigos na área de Educação em Química. Membro atuante da Divisão de Ensino de Química da Sociedade Brasileira de Química.

Roberto Ribeiro da Silva

Bacharel em Química pela UFMG. Professor do Instituto de Química da Universidade de Brasília. Mestre em Química Orgânica pela Universidade de Indiana (EUA) e Doutor em Ciências pela Universidade de São Paulo. Autor de livros e artigos na área de Educação em Química. Membro atuante da Divisão de Ensino de Química da Sociedade Brasileira de Química.

2ª edição

Edição reformulada

Moderna

1ª edição 1995 (com o título *O Azul do planeta — Um retrato da atmosfera terrestre*)

Moderna

COORDENAÇÃO EDITORIAL José Carlos de Castro
EDIÇÃO DE TEXTO Ademir Garcia Telles
PREPARAÇÃO DE TEXTO Edna Viana dos Santos
COORDENAÇÃO DE PRODUÇÃO GRÁFICA Fernando Dalto Degan
COORDENAÇÃO DE REVISÃO Estevam Vieira Lédo Jr.
REVISÃO Letras e Idéias Ass. em Textos
EDIÇÃO DE ARTE, PROJETO GRÁFICO E CAPA Ricardo Postacchini
FOTO CAPA CID
COORDENAÇÃO DE PESQUISA ICONOGRÁFICA Ana Lúcia Soares
PESQUISA ICONOGRÁFICA Ana Claudia Fernandes
As imagens identificadas com a sigla CID foram fornecidas pelo Centro de Informação e Documentação da Editora Moderna.
ILUSTRAÇÕES Luiz Moura
DIAGRAMAÇÃO Adriana Domingues de Farias
CARTOGRAFIA Alessandro Passos da Costa, Aline Pellissari Antonini Ruiz, Rodrigo Carraro Moutinho
COORDENAÇÃO E TRATAMENTO DE IMAGENS Américo Jesus
SAÍDA DE FILMES Helio P. de Souza Filho, Marcio Hideyuki Kamoto
COORDENAÇÃO DE PRODUÇÃO INDUSTRIAL Wilson Aparecido Troque
IMPRESSÃO E ACABAMENTO Bartira Gráfica e Editora Ltda.

Dados Internacionais de Catalogação na Publicação (CIP)
(Câmara Brasileira do Livro, SP, Brasil)

Tolentino, Mario
A atmosfera terrestre / Mario Tolentino, Romeu C. Rocha–Filho, Roberto Ribeiro da Silva. — 2. ed. reform. — São Paulo : Moderna, 2004. — (Coleção polêmica)

Inclui suplemento para o professor.

1. Atmosfera 2. Gases 3. Poluição 4. Terra (Planeta) I. Rocha–Filho, Romeu C. II. Silva, Roberto Ribeiro da. III. Título. IV. Série.

04-0894 CDD-551.5

Índices para catálogo sistemático:
1. Atmosfera terrestre : Ciências da terra 551.5

ISBN 85-16-04140-9

EDITORA MODERNA LTDA.
Rua Padre Adelino, 758 - Belenzinho
São Paulo - SP - Brasil - CEP 03303-904
Vendas e Atendimento: Tel. (0_ _11) 6090-1500
Fax (0_ _11) 6090-1501
www.moderna.com.br
2004

Impresso no Brasil

Sumário

Introdução

A atmosfera terrestre está entre os fatores fundamentais tanto para o surgimento quanto para a manutenção da vida no planeta – essa vida tão preciosa e incomum que até hoje não se sabe se há algo semelhante em outro ponto do universo. A maior parte das formas de vida da Terra depende diretamente da atmosfera para existir. Mesmo assim, sua presença é tão sutil que, embora estejamos nela mergulhados e sejamos por ela penetrados, muitas vezes não nos damos conta da sua importância.

Ao envolver a Terra, a atmosfera cria as condições de temperatura que viabilizam a vida. Como um fluido vivificador, ela se introduz em nossos pulmões, e os seus componentes, especialmente o oxigênio, penetram em nosso corpo, tornando nossa vida possível. Ao mesmo tempo, ela é parte do processo que leva ao verdor das florestas e pradarias.

A atmosfera é a fonte do azul que adorna os nossos céus diurnos, fazendo da Terra um planeta tão inesquecível. É nela que se produzem os crepúsculos multicoloridos que tanto admiramos e ocorrem as auroras polares, de surpreendente esplendor. Nela se formam as nuvens, de caprichosos desenhos, que vertem a água fertilizante das chuvas. É nela também que, em certas estações do ano, ocorrem as tempestades, com seus raios e relâmpagos fulgurantes, acompanhados de trovões ensurdecedores.

É através dela que nos comunicamos, ouvimos o canto dos pássaros, os suspiros dos bosques farfalhantes pelo vento que passa, o estrondo das ondas que se arrebentam contra os rochedos ou o som das músicas que tanto curtimos.

É na atmosfera, e por causa dela, que os pássaros voam e que nós nos deslocamos, seja em modernas aeronaves a jato, seja em pequenos aviões monomotores ou em asas-delta.

Por tudo isso é que vale a pena saber um pouco mais sobre ela. Este livro propõe-se a mostrar o que é a atmosfera terrestre e quais são as múltiplas funções que ela desempenha no dia-a-dia da vida do planeta. E também a discutir a poluição atmosférica causada pelo homem e as suas conseqüências para o futuro da vida na Terra[1].

[1] Esta introdução homenageia o astrônomo francês Nicolas Camille Flammarion (1842-1925), que, em 1871, publicou o livro *L'Atmosphere*, cujo prefácio inspirou este texto.

1. A capa gasosa da Terra

A ORIGEM DA ATMOSFERA ESTÁ RELACIONADA AO PROCESSO DE FORMAÇÃO DO PLANETA, MAS SUA COMPOSIÇÃO ATUAL FOI DETERMINADA POR PROCESSOS ASSOCIADOS AOS SERES VIVOS QUE NELE SURGIRAM. HOJE ELA É IMPORTANTE FONTE DE ELEMENTOS ESSENCIAIS À VIDA; E DE FENÔMENOS ÓPTICOS ASSOCIADOS À SUA COMPOSIÇÃO DECORREM SUA COR AZULADA, AS SOMBRAS E AS PENUMBRAS.

O azul do céu é uma percepção corriqueira e, portanto, pouco chama a atenção das pessoas. As variadas cores do crepúsculo inspiraram poetas de todas as épocas e culturas. Por outro lado, as sombras refrescantes, as penumbras agasalhadoras fazem parte do nosso cotidiano.

No dia 12 de abril de 1961 um fato novo veio lançar luzes sobre o nosso planeta. Nessa ocasião o astronauta soviético Iúri Gagárin, pilotando a astronave Vostok I, observou, pela primeira vez na história da humanidade, durante 108 minutos, o nosso hábitat de um ponto de vista muito especial: praticamente do espaço interplanetário. E uma das suas observações – "a Terra é azul!" – entrou para a história das conquistas do homem. A partir de então os avanços tecnológicos levaram o homem à Lua, de onde a Terra foi fotografada num crescendo que conquistou as páginas de publicações, ilustrou artigos e foi capa de revistas. Enfim a Terra era vista de longe, como um astro flutuando no espaço, sob a regência de forças que o homem e a sua ciência já haviam desvendado, descrito e equacionado. O impressionante e suave tom azul do nosso planeta mesclava-se com o branco das nuvens e o marrom-avermelhado das massas continentais.

O tom azulado da Terra (quando vista do espaço), o céu azul dos dias luminosos, o colorido variado de alguns momentos do crepúsculo, as sombras decorrentes da interceptação da luz do Sol por objetos e as penumbras refrescantes são características próprias do nosso planeta. Como discutiremos neste capítulo, a capa gasosa da Terra, de natureza única em nosso Sistema Solar, é a razão de tudo isso. A atmosfera terrestre tem sido objeto de estudos profundos e se revela, cada vez mais, muito frágil e importante para a existência e a sobrevivência da vida tal como a conhecemos.

Origem da atmosfera terrestre

Para entender a origem da atmosfera terrestre é preciso examinar os primórdios do nosso Sistema Solar, emergindo das grandes massas de hidrogênio e hélio oriundas do processo inicial de formação do universo: a Grande Explosão (o *Big Bang*). Muitas são as hipóteses que buscam explicar a formação de planetas que orbitam em torno de estrelas. Uma delas é a chamada "hipótese de condensação".

Segundo essa hipótese, no início havia uma grande nuvem de gases que girava lentamente no espaço intergaláctico. Aos poucos, ondas de choque provenientes de outras explosões estelares, fortes campos eletromagnéticos e intensas atrações gravitacionais determinaram o colapso dessa nuvem, que, adensando-se no centro, sofreu um aumento de pressão e um decorrente aquecimento. Esse núcleo denso e quente haveria, posteriormente, de dar origem a uma estrela; foi assim também que começou a ser formado o Sol. Este (sol primitivo, anterior ao início das reações nucleares que provocam emissão luminosa) seria circundado por um disco de gases e poeira cósmica, que girava ao seu redor. No interior da massa desse disco, a temperatura cresceria a ponto de provocar reações químicas e nucleares; enquanto isso, na periferia, a mistura poeira/gases, à medida que se esfriava, teria formado núcleos de condensação, agregações materiais provocadas pela ação da gravidade. Os agregados resultantes teriam, aos poucos, colidido uns com os outros, fragmentando-se; depois, esses fragmentos teriam se reunido novamente em corpos de dimensões maiores, transformando-se, gradativamente, em sólidas rochas, que iriam dar origem aos planetas. Ao mesmo tempo, as reações no jovem Sol aumentavam de intensidade, e a energia dele irradiada banhava os planetas que iam surgindo. O aumento de massa (por agregação de corpos menores), de pressão, de temperatura e a fusão de materiais levaram, aos poucos, à estruturação dos corpos planetários. Essa seria a hipotética história dos planetas chamados "terrestres": Mercúrio, Vênus, Terra e Marte. Supõe-se que a formação dos outros planetas tenha ocorrido de maneira diferente.

Durante o processo de formação do planeta Terra, transformações físico-químicas acabaram produzindo substâncias gasosas que se desprenderam da massa sólida por permeação, por aberturas diversas, e passaram a compor uma atmosfera primitiva, seguramente muito diferente da atual. Substâncias simples, tais como o hidrogênio (H_2) e o hélio (He), teriam sido abundantes nessa fase da jovem atmosfera; porém predominariam os gases contendo hidrogênio – como o metano (CH_4), a amônia (NH_3), o vapor d'água (H_2O) – e o dióxido de carbono (CO_2), também conhecido como "gás carbônico".

No primeiro bilhão de anos, a temperatura da Terra deve ter sido bem mais elevada que a atual. Conseqüentemente, a agitação térmica das moléculas dos gases atmosféricos suplantava a força gravitacional, o que pode ter determinado o escape para o espaço de grande parte do hidrogênio e do hélio. A ação da radiação ultravioleta do Sol, o resfriamento progressivo do planeta, as descargas elétricas e outras transformações físico-químicas determinaram a formação de novos compostos, a liberação de oxigênio, a condensação do vapor d'água, a decomposição da amônia (com a liberação de seus componentes). Assim, esses e muitos outros processos químicos complexos foram, lentamente, alterando a composição da atmosfera, provocando chuvas e a gênese dos oceanos. O excesso de gás carbônico dissolveu-se nas águas oceânicas e reagiu quimicamente com alguns de seus componentes, originando extensos e volumosos sedimentos calcários.

Aos poucos a Terra se resfriou, dando origem a uma atmosfera primária, ao mesmo tempo que surgiam os primeiros organismos vivos. A respiração e a fotossíntese passaram a desempenhar um papel fundamental na formação de uma atmosfera secundária, que, paulatinamente, atingiu a composição básica presente nos tempos atuais. Essa atmosfera pode ser considerada extremamente frágil e ainda sujeita tanto à entrada de gases das mais variadas origens quanto ao escape, para o espaço interplanetário, de moléculas das suas regiões superiores. A interação entre a atmosfera, a crosta sólida do planeta, a superfície dos oceanos e o conjunto dos seres vivos (a biota) é incessante e, certamente, determinará o futuro do nosso planeta.

Grande número de dados importantes sobre o clima nas eras passadas tem sido coletado graças a técnicas de pesquisa científica recentemente desenvolvidas. Entre elas estão:

a) o estudo dos anéis de crescimento das árvores (em exemplares provenientes da Tasmânia, por exemplo, as informações permitiram retraçar a variação do clima do último milênio);
b) o estudo de amostras de gelo retiradas por perfurações, a várias profundidades, feitas em geleiras da Groenlândia e da Antártica (isso possibilitou que se desvendassem 200 mil anos da história do nosso clima);
c) a análise de amostras de rochas obtidas por perfurações (isso permitiu um recuo ainda maior no tempo, levando ao lançamento de hipóteses sobre o clima reinante há cerca de 215 milhões de anos).

Estrutura da atmosfera

Os limites inferiores da atmosfera encontram-se na superfície da crosta terrestre e na dos oceanos. Se tais limites são bem-definidos, o mesmo não acontece com as fronteiras superiores. Há uma progressiva rarefação dos gases, decorrente da diminuição do efeito da força gravitacional terrestre, o que provoca um escape sistemático das moléculas para o espaço.

Para sistematizar o estudo da atmosfera, os cientistas procuram classificar as regiões pelas suas propriedades físico-químicas e delimitá-las por cotas de altitude. A figura 1 mostra, aproximadamente, as altitudes e espessuras dessas regiões, considerando o nível do mar e locais com latitude 45 graus (norte ou sul). Os critérios para as denominações dessas regiões variam, mas o esquema geral permanece o mesmo.

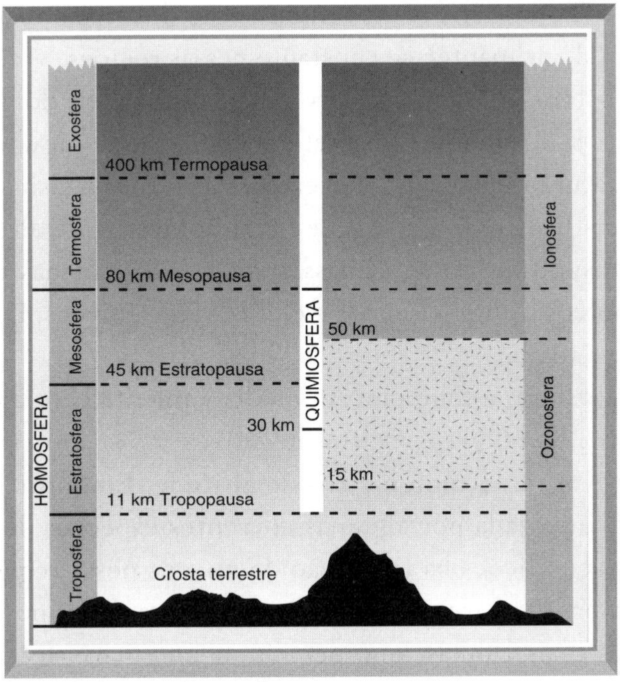

Figura 1. Regiões da atmosfera.

A variação da temperatura é, em geral, o critério adotado pelos geofísicos para definir as diversas regiões da atmosfera. Segundo a figura 1, essas regiões apresentam os seguintes limites altimétricos:

a) troposfera – 0 a 11 quilômetros;

b) estratosfera – 11 a 45 quilômetros;

c) mesosfera – 45 a 80 quilômetros;
d) termosfera – 80 a 400 quilômetros;
e) exosfera – acima de 400 quilômetros.

Na realidade, não existem linhas demarcatórias bem-definidas, pois há uma sensível influência das latitudes consideradas, das estações do ano e de certas condições climáticas. O limite entre duas regiões recebe o nome genérico da região inferior, acrescentado do sufixo "pausa". Assim, o limite entre a troposfera e a estratosfera é chamado de "tropopausa"; analogamente se tem a "estratopausa", a "mesopausa" e a "termopausa". O conjunto formado pela troposfera, estratosfera e mesosfera também é conhecido como "homosfera"; essa denominação decorre do fato de a composição básica do ar manter-se constante nessas regiões.

Na troposfera, a região mais próxima da superfície do planeta, onde ocorre a maioria dos fenômenos meteorológicos que caracterizam o clima, a temperatura média varia de cerca de 15 graus Celsius, na superfície, a 60 graus Celsius negativos, a 11 quilômetros de altitude. Aí sopram os ventos, deslocam-se as massas de ar, são formadas as frentes, os centros ciclônicos e anticiclônicos e elevam-se as nuvens. É na troposfera que se agita a vida.

Na estratosfera, a temperatura média aumenta com a altitude, variando de cerca de 60 graus Celsius negativos, no seu início, a 10 graus Celsius negativos, a 45 quilômetros de altitude. Embora a estratosfera possa ser movimentada por algumas correntes especiais de vento, apenas em certas condições há formação de nuvens nessa região. Os grandes jatos comerciais navegam no limite superior da troposfera, procurando regiões mais calmas, que permitam uma navegação tranqüila e confortável aos passageiros. Em alguns casos, a navegação aérea supersônica utiliza os limites inferiores da estratosfera, onde a maior rarefação do ar diminui o atrito da aeronave com a atmosfera, atenuando efeitos mecânicos, aerodinâmicos e mesmo térmicos.

Como a atmosfera é compressível, a maior parte de sua massa concentra-se nas camadas inferiores (maiores pressões), em decorrência do campo gravitacional da Terra. Assim, 40% dessa massa situa-se abaixo de 4,5 mil metros, e 67% abaixo da altitude do Monte Everest, isto é, cerca de 9 mil metros. À medida que se atingem maiores altitudes, a rarefação do ar é crescente e, conseqüentemente, a pressão atmosférica é cada vez menor. Por exemplo, na altitude da região superior da termosfera (cerca de 400 quilômetros) já se registra uma pressão de apenas 106 microatmosferas, ou seja, uma pressão cerca de dez mil vezes menor que a existente na superfície da Terra.

Por vezes, empregam-se denominações específicas para regiões da atmosfera que contêm substâncias particulares ou nas quais ocorrem certos fenômenos de interesse científico. Por exemplo, a região situada entre 30 e 80 quilômetros de altura é denominada "quimiosfera", já que nela acontece uma grande interação entre a energia solar (principalmente no que corresponde às freqüências do ultravioleta) e certos componentes atmosféricos. Acima da quimiosfera (de 80 a 400 quilômetros), estende-se a ionosfera. Nessa região, a ação da radiação ultravioleta do Sol, somada ao bombardeio de partículas também provindas do Sol (vento solar) ou do espaço (radiação cósmica), provoca a ionização de átomos e moléculas, formando radicais e íons, principalmente por perda de elétrons.

A ionosfera tem particular importância para os meios de telecomunicação por ondas de radiofreqüência. Por suas características de região ionizada, ela interage com as radiações eletromagnéticas emitidas pelas emissoras de radiotelefonia. Essas radiações, dependendo da sua freqüência, podem ser absorvidas pela ionosfera, o que impede o escape para o espaço interplanetário. Mas, se estiverem numa freqüência característica das chamadas "ondas curtas", serão refletidas pela ionosfera, retornando à superfície da Terra. Esse processo de reflexão das ondas curtas permite que programas de rádio emitidos por estações situadas em regiões geográficas diametralmente opostas sejam recebidos por todo o planeta (veja a figura 2).

Ultimamente uma região da atmosfera vem sendo objeto de investigações aprofundadas. Trata-se da chamada "ozonosfera" ou "camada de ozônio", que se estende desde a estratosfera (a cerca de 15 quilômetros de altura) até a quimiosfera, com uma espessura de aproximadamente

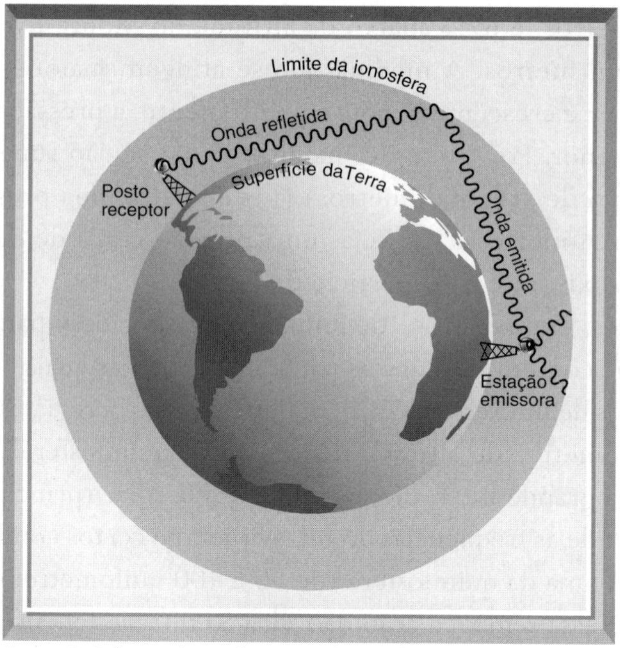

Figura 2. Reflexão das ondas curtas de radiofreqüência na ionosfera.

35 quilômetros. Nessa camada ocorre acumulação do gás ozônio (O_3), uma das variedades alotrópicas do elemento químico oxigênio.

Dentro da mesosfera e da ionosfera ocorrem as descargas elétricas luminosas que caracterizam as auroras polares. A análise da luz emitida por esses fenômenos tem trazido valiosa contribuição para o conhecimento da natureza das substâncias químicas existentes nessas altas regiões da atmosfera.

Auroras polares

Nas noites polares, a escuridão do céu é, às vezes, interrompida por brilhantes luzes multicoloridas que se movimentam como se fossem cortinas luminosas agitadas por estranhos ventos.

O fenômeno foi bem observado, em tempos passados, nos céus das regiões polares boreais, e em razão disso recebeu o nome de "aurora boreal". Com o desenvolvimento e o aperfeiçoamento dos métodos de observação, verificou-se que essas luminosidades ocorrem também nas regiões do pólo sul, sendo então chamadas de "auroras austrais".

O estudo desses fenômenos permitiu identificá-los como uma radiação luminosa visível, emitida por átomos e moléculas existentes na ionosfera. Tais átomos ou moléculas são bombardeados por elétrons provindos do Sol, o que provoca a sua ionização. Os íons formados emitem radiação eletromagnética numa ampla faixa espectral, que vai do ultravioleta ao infravermelho, passando pelo visível. O efeito luminoso mais comum nas auroras polares é o de cor verde-clara, que decorre de emissão por átomos de oxigênio. Por vezes ocorrem belas emissões cor-de-rosa, feitas por átomos de nitrogênio.

O aspecto de cortina movediça dessas auroras se deve a variações no campo magnético da Terra, que é o responsável pela orientação do fluxo de elétrons provindo do Sol.

Composição da atmosfera

Uma vez que as condições do manto gasoso que envolve o nosso planeta sofrem alterações conforme a altitude, a composição da atmosfera pode variar bastante. O problema complica-se mais ainda quando se leva em conta a entrada para a atmosfera de componentes estranhos, provenientes de atividades naturais do nosso planeta ou resultantes de processos vitais ou tecnológicos implantados na sua superfície. Portanto, para fixar algumas condições, é usual a referência à composição do ar "limpo e seco". O conceito de ar limpo abrange, nesse caso, a ausência de substâncias ou materiais estranhos.

As propriedades da atmosfera, assim como as suas mais importantes funções no nosso planeta, devem-se a esses componentes invariantes.

A determinação desses componentes tem sido realizada por coleta de amostras na região inferior da troposfera. Para as altitudes superiores, empregavam-se, inicialmente, balões e, logo depois, foguetes, que passaram a ser usados para recolher amostras a altitudes cada vez maiores. Atualmente o levantamento das condições físico-químicas da nossa atmosfera envolve observações por meio de aeronaves, sondas, naves espaciais e satélites. O desenvolvimento de instrumentos de análise química ou física de alta tecnologia permitiu o aprofundamento dos conhecimentos sobre a química da atmosfera. Especial atenção tem sido dada a componentes minoritários (por exemplo, metano e gás carbônico) que estão ligados, de certa forma, a processos naturais ou são derivados das atividades do homem e de outros seres vivos.

COMPOSIÇÃO DO AR LIMPO E SECO (HOMOSFERA)

Componente	Teor (por metro cúbico)
nitrogênio (N_2)	780,8 litros
oxigênio (O_2)	209,5 litros
argônio (Ar)	9,3 litros
gás carbônico (CO_2)	≈375 mililitros
neônio (Ne)	18 mililitros
hélio (He)	5,2 mililitros
metano (CH_4)	1,8 mililitro
criptônio (Kr)	1,1 mililitro
hidrogênio (H_2)	0,53 mililitro
xenônio (Xe)	0,086 mililitro

Importância e papel fundamental da atmosfera

Analisando a composição da atmosfera e suas relações com a superfície do planeta e com a vida que ele abriga, constata-se que o ar atmosférico é um dos maiores reservatórios de elementos essenciais. Assim ocorre com o carbono, que está na atmosfera sob a forma de gás carbônico, sendo incorporado aos seres vivos e à cadeia alimentar por meio da fotossíntese. Outro elemento essencial é o oxigênio, mobilizado pela respiração animal e vegetal. O nitrogênio também tem na atmosfera o seu maior estoque, bem como o hidrogênio, que, através da atmosfera terrestre, é continuamente reciclado sob a forma de água ou vapor d'água.

Além desse papel de reservatório de elementos essenciais aos processos biológicos ligados à vida na Terra, a atmosfera ainda desempenha outra função, talvez não tão espetacular nem tão evidente mas, nem por isso, de menor importância: a de manto térmico e protetor. A atmosfera é suficientemente transparente para permitir a passagem de grande parte da radiação solar que banha a superfície terrestre, iluminando-a e provocando reações físico-químicas essenciais. Por outro lado, alguns de seus componentes funcionam, devido à sua natureza química, como um filtro eficiente: eles vedam a passagem de uma parcela da radiação solar (radiação ultravioleta) nociva à vida, interceptam as partículas ionizantes presentes na radiação cósmica (que poderiam provocar efeitos indesejáveis em animais e vegetais) e bloqueiam pequenos meteoritos (estrelas cadentes), que são queimados antes de atingirem a superfície da Terra. Outra ação é a de impedir, parcialmente, o retorno ao espaço da radiação infravermelha que aquece a superfície da Terra, funcionando como uma cúpula protetora, espécie de "manto térmico isolante" que garante ao nosso planeta uma temperatura bem acima da que ele teria se não houvesse a atmosfera. A superfície da Terra apresenta uma temperatura média de 15 graus Celsius; se o efeito protetor não existisse, provavelmente a temperatura seria da ordem de 15 graus Celsius negativos e a Terra seria um planeta gelado, com sua crosta coberta por gelo e neve.

Sobre sombras, penumbras e o azul do céu

Os astronautas que estiveram na superfície da Lua verificaram que as sombras lá projetadas pelos objetos, rochas e montanhas eram completamente diferentes daquelas observadas na Terra. Notaram que ocorria uma transição brusca da área iluminada pelo Sol para a das sombras, isto é, mudava-se de uma área intensamente iluminada para outra totalmente escura, que impedia a visão dos objetos sombreados. Constataram o mesmo tipo de transição na temperatura da superfície dos objetos, isto é, passava-se de uma região que apresentava altas temperaturas para outra onde elas eram extremamente baixas.

Na Terra, ao contrário, as sombras não são tão escurecidas, e há sempre uma penumbra que nos permite visualizar os objetos sombreados. E, sem dúvida, há uma diferença de temperatura entre as áreas expostas ao Sol e as áreas sombreadas, mas esse diferencial térmico não chega a chamar a atenção, pois não apresenta valores muito diferentes. Entretanto os astronautas, quando fora da atmosfera terrestre, observam um céu sem cores, negro, sobre o qual brilham as estrelas, os planetas e o nosso próprio Sol. Extraordinárias fotografias revelam esse estranho aspecto de um céu sem cor e de uma Terra mergulhada numa suave aura azulada.

Explicar por que o nosso céu é azul não foi fácil. Durante muito tempo os físicos discutiram o problema e propuseram soluções que, aos poucos, acabaram sendo derrubadas por novas considerações teóricas ou por observações e fatos experimentais. Atualmente a aplicação da teoria sobre a natureza eletromagnética da luz fornece uma explicação satisfatória, relacionada ao fato fundamental de a luz branca do Sol sofrer um espalhamento pelas moléculas das substâncias contidas no ar. Essas moléculas dispersam com maior intensidade os comprimentos de onda mais curtos da luz visível (azul e violeta), levando ao azul do céu durante o dia e ao laranja-avermelhado do pôr-do-sol.

A teoria do espalhamento por partículas da atmosfera explica não somente a cor azul do céu diurno como também os variados matizes do pôr-do-sol, quando então predominam as freqüências correspondentes ao vermelho e ao laranja. A existência, na atmosfera, de partículas maiores que as moléculas normais (poeiras, cinzas vulcânicas, aerossóis etc.) acentua o fenômeno do colorido variado da luz crepuscular.

Ao mesmo espalhamento da luz atribui-se a existência das sombras atenuadas e das penumbras. A luz difunde-se em todos os sentidos através da atmosfera e, assim, ilumina parcialmente as áreas sombreadas.

Terra, atmosfera, vida e ser humano

Formada a Terra e estruturada uma atmosfera, o cenário estava pronto para o grande acontecimento: a vida. Ela surgiu no interior dos mares, cuja composição e temperatura eram bem diferentes das atuais.

As formas de vida transformaram-se numa evolução lenta mas contínua, e a ação dos organismos vivos introduziu modificações na atmosfera, que, aos poucos, foi adquirindo a composição atual.

Até agora não se conseguiu detectar a existência de vida nos outros planetas do Sistema Solar. Parecem ter existido condições muito especiais na formação da Terra, sua atmosfera e oceanos, fatores que propiciaram o surgimento dos primeiros organismos vivos. Por que só na Terra? Teria sido o nosso planeta brindado com condições excepcionais que levariam à vida?

Entretanto a atmosfera terrestre tem se mostrado extremamente frágil em relação às alterações causadas por fenômenos naturais ou pela ação humana. Para evitar que essa fragilidade leve a resultados prejudiciais à vida, vale a pena conhecer melhor a nossa atmosfera. O desenvolvimento social, científico e tecnológico da humanidade não pode seguir rumos que conduzam à destruição da atmosfera ou, talvez, à destruição da própria vida no Planeta Azul.

As atmosferas de outros planetas do Sistema Solar

Ao se descrever e caracterizar a atmosfera da Terra, podem surgir indagações sobre a existência e a natureza das atmosferas em outros planetas do nosso Sistema Solar. Para quem tiver essa curiosidade, incluímos a seguir algumas informações sobre o assunto.

Inicialmente convém destacar que esses planetas são agrupados em dois tipos bastante distintos: há os planetas terrestres (nos quais predominam camadas sólidas), que são Mercúrio, Vênus, Terra e Marte, e os planetas jovianos, jupiterianos ou externos (nos quais predomina o estado gasoso), que são Júpiter, Saturno, Urano, Netuno e Plutão. A figura 3 fornece uma idéia do tamanho relativo desses planetas.

O envio ao espaço interplanetário de sondas munidas de sofisticados equipamentos para coleta de dados referentes aos corpos planetários tem trazido novos e importantes conhecimentos, que incluem, entre outros, informações referentes às suas atmosferas.

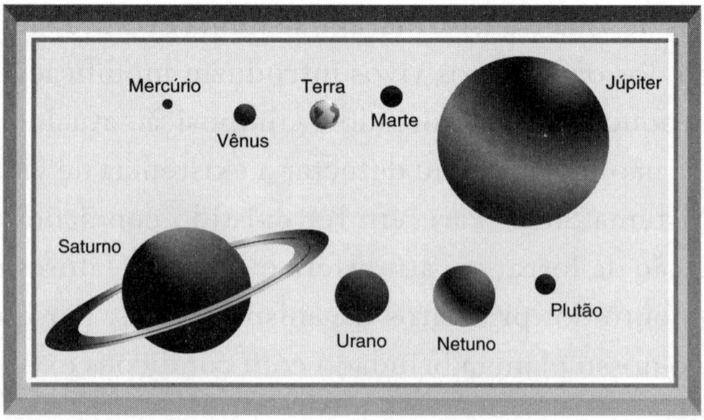

Figura 3. Tamanho relativo dos planetas do Sistema Solar.

A partir de meados da década de 1960, os Estados Unidos e a então União Soviética enviaram ao espaço interplanetário um número significativo de sondas, nas chamadas missões "Pioneer", "Mariner", "Viking", "Voyager" e "Venera". Essas missões coletaram informações inéditas, impossíveis de conseguir em observatórios localizados na superfície da Terra. Os planetas mais afastados, entretanto, como Netuno e Plutão, ainda aguardam dados mais precisos para que se possa compor todo o quadro do Sistema Solar. Nesses últimos casos algumas observações têm sido realizadas com o auxílio de telescópios transportados por aviões ou por balões estratosféricos; o lançamento das sondas Magalhães e Galileu também visa fornecer um exame mais detalhado desses corpos celestes.

Supõe-se que o processo de formação da atmosfera dos planetas ditos "terrestres" tenha envolvido a desgaseificação da massa planetária, nos estágios iniciais de sua formação, a interação dos gases desprendidos com o campo gravitacional e efeitos da temperatura da proto-atmosfera. A gravidade retém as moléculas gasosas de maior massa junto à superfície planetária, enquanto a temperatura elevada contribui para o escape das moléculas de menor massa para o espaço.

A presença de organismos vivos e de oceanos parece ter determinado um tipo bem diferenciado de atmosfera para o nosso planeta. A seguir, é apresentada uma descrição das atmosferas planetárias, de acordo com as pesquisas viabilizadas pelas sondas espaciais já referidas.

Planetas terrestres

◆ Mercúrio

A pequena massa do planeta Mercúrio e sua proximidade do Sol determinaram, com muita probabilidade, o escape para o espaço dos gases desprendidos durante o processo de sua formação. Embora não se possa afirmar que exista uma atmosfera nesse corpo celeste, a sonda Mariner 10 revelou que ele se encontra envolvido por uma tênue camada de hélio. Uma das hipóteses levantadas para explicar a presença desse gás é a de que ele proviria do Sol, de onde teria sido levado para o planeta pelo vento solar.

◆ Vênus

As investigações e observações relativas a Vênus estão bastante avançadas, já sendo possível traçar um quadro detalhado da sua superfície e estranha atmosfera. Grande número de sondas espaciais orbitou esse planeta, e muitas tentativas de pouso acabaram frustradas devido à agressividade do ambiente venusino.

Os dados básicos informam que o componente principal da atmosfera de Vênus é o dióxido de carbono, que lá existe num teor de 97% em volume, ao passo que a presença do oxigênio atinge apenas 0,001%, sendo, portanto, desprezível. Traços de vapor d'água, de nitrogênio, de compostos de enxofre e de gases raros completam a relação de componentes. O invólucro gasoso do planeta é bastante denso, e a pressão atmosférica exercida na superfície venusina é noventa vezes maior que a reinante na terrestre. Essa densa atmosfera, por sua vez, exerce um efeito de manto térmico que impede a saída da radiação solar refletida pela superfície, o que determina uma temperatura aproximada de 500 graus Celsius na superfície e nas regiões inferiores da atmosfera.

A cerca de 45 a 60 quilômetros de altura há uma espessa camada de nuvens que praticamente cobre todo o planeta, impedindo a sua visão direta. A análise dessas nuvens revelou que elas são formadas por gotículas suspensas de uma solução de ácido sulfúrico (H_2SO_4) com uma concentração da ordem de 75% a 90% em volume! Acima e abaixo dessas nuvens ocorrem áreas de neblinas nas quais foi possível detectar a presença de ácido clorídrico (HCl) e ácido fluorídrico (HF).

Dentro das nuvens, a atmosfera é agitada por fortes ventos que chegam a atingir velocidades de cerca de 360 quilômetros por hora. Essas nuvens não devem gerar precipitações (que seriam chuvas de ácido sulfúrico!), pois a grande densidade e a alta temperatura das camadas inferiores impediriam que as gotas atingissem a superfície do planeta.

Marte, o planeta vermelho

Talvez seja esse o planeta que mais fascinou o homem. A cor avermelhada, a transparência da atmosfera, os supostos canais que se entrecruzam na superfície e as calotas polares sob a influência das estações climáticas são alguns dos fatores que geraram a curiosidade acerca de Marte. Mas esse aspecto quase romântico foi desaparecendo à medida que as sondas espaciais levantavam dados a seu respeito, pousavam em sua superfície e analisavam amostras do seu solo, rochas e atmosfera.

Detalhes da superfície de Marte já são bem conhecidos e estão totalmente mapeados – já foram obtidas excelentes fotografias de seus vales, vulcões e planícies, assim como já foram desvendadas suficientemente a composição e a dinâmica de sua atmosfera. Apesar do grande avanço no conhecimento do planeta vermelho, resta apenas uma grande incógnita: a existência ou não de vida em sua superfície. Todos os esforços empreendidos, quer experimentais, quer observacionais, ainda não são conclusivos, e a grande dúvida persiste.

Mas examinemos a atmosfera marciana. Ela apresenta teores tão baixos de vapor d'água que, se ele se condensasse sobre a superfície do planeta, daria para cobri-la com uma camada líquida de apenas 0,03 milímetro de espessura (30 micrometros). O componente mais importante da atmosfera marciana é o dióxido de carbono (CO_2), mesmo assim em quantidades tão pequenas que a pressão atmosférica na superfície é de apenas 1/150 da pressão atmosférica ao nível do mar na Terra (mais ou menos 5 milímetros de mercúrio, ou 6,8 hectopascals). Nessas condições de pressão, qualquer presença de água no estado líquido seria impossível.

Existe a hipótese de que a maior parte da água existente em Marte esteja adsorvida nas camadas superiores do solo e aí retida sob a forma de gelo, dadas as baixas temperaturas reinantes. Durante os invernos do planeta, parte do dióxido de carbono e do vapor d'água atmosférico condensa-se, sob a forma sólida, nas calotas polares, que são facilmente visíveis por telescópios de médio porte.

Já se observaram também nuvens e bancos de neblina, provavelmente formados por pequenos cristais de gelo e de dióxido de carbono sólido (gelo seco). Mesmo sendo extremamente rarefeita, a atmosfera marciana apresenta movimentos decorrentes de fortes ventos, capazes de levantar nuvens de poeira avermelhada que chegam a ocultar extensas áreas da superfície. Aspectos dessa superfície revelam que a atmosfera tem exercido notável ação sobre o seu modelado, talvez devido à ação dos ventos e à corrosão mecânica causada pelas nuvens de poeira.

Planetas jupiterianos

Os planetas mais externos apresentam estruturas e componentes completamente diferentes dos que já foram vistos até aqui. Suas capas gasosas e seus limites inferiores não são bem-definidos, pois a maioria não exibe camadas sólidas à semelhança dos planetas ditos "terrestres". As maiores dimensões desses corpos celestes determinam forças de gravidade mais intensas e suficientes para reter junto à massa planetária gases mais leves como o hidrogênio e o hélio. Com bastante freqüência aparece o metano, geralmente na forma líquida, e a amônia.

◆ Júpiter, o gigante do Sistema Solar

A atmosfera de Júpiter é formada por cerca de 81% de hidrogênio e 18% de hélio, contendo traços de metano, amônia, água, fósforo, enxofre e vários hidrocarbonetos. A observação desse enorme planeta revela algumas estruturas curiosas, como as zonas ou bandas amarelas ou avermelhadas que circundam a sua superfície (no sentido paralelo ao seu equador) e a enorme mancha vermelha presente num dos seus hemisférios.

Acredita-se que a atmosfera jupiteriana possui três camadas de nuvens. A mais externa é formada por cristais de amônia (NH_3), abaixo da qual estaria outra de hidrogenossulfeto de amônio (NH_4HS), seguida de uma camada de gelo e talvez água líquida. As cores fortes dessas formações de nuvens provavelmente decorrem da sua composição química. Especificamente as cores laranja e marrom podem ser devidas à presença de diferentes compostos orgânicos, ou de enxofre e fósforo.

A grande mancha vermelha, identificada da Terra há mais de trezentos anos, parece ser uma gigantesca região de tempestades. Esta engolfa, por vezes, extensas camadas de nuvens, que desaparecem no seu interior e são, posteriormente, expelidas. Manchas circulares ou elípticas, de cor escura, surgem eventualmente em pontos diferentes da camada de nuvens. São pequenos núcleos turbilhonares que mostram as camadas mais internas do planeta.

◆ Saturno

A atmosfera e a estrutura desse planeta não se afastam muito daquelas que foram estabelecidas para Júpiter. Em Saturno também não existe uma nítida separação entre o que seria o corpo do planeta e a sua atmosfera. As condições de temperatura e de composição parecem determinar que a transição seja mais uma questão de fase: sobre um substrato líquido, sucede-se, aos poucos, um manto gasoso em que predominam o hidrogênio e o hélio. Essa fase gasosa deve estender-se de 1 mil a 2 mil quilômetros. A atmosfera saturniana inclui ainda o neônio, o argônio, a amônia, o metano, o ozônio, o dióxido de enxofre e vários hidrocarbonetos com moléculas maiores que as do metano.

Essa atmosfera tem um aspecto estratificado, à semelhança do que ocorre em Júpiter, com faixas alternadamente claras e escuras, paralelas ao equador do planeta. Tal estrutura resulta de uma cobertura de nuvens agitada por fortes turbilhões de vento, que formam manchas ovaladas ou circulares. O aspecto mais claro da cobertura é atribuído às altitudes mais baixas e, conseqüentemente, ao parcial ocultamento pela espessa camada de gases que se sobrepõe às nuvens. As sondas espaciais detectaram ventos, na atmosfera saturniana, de até 1,8 mil quilômetros por hora.

Saturno possui, além dos característicos anéis, inúmeros satélites, entre eles Titã, o segundo maior do Sistema Solar. Esse satélite apresenta uma curiosidade: sua atmosfera é transparente, mas contém bancos de espessas nuvens. A missão "Pioneer 11" conseguiu levantar dados relativos a essa "lua" de Saturno e caracterizou sua atmosfera. O primeiro composto identificado foi o metano; logo em seguida detectaram-se outros hidrocarbonetos, o nitrogênio e o hidrogênio, sendo que este último gás está sempre escapando da atmosfera, deixando um rastro gasoso ao longo da sua órbita. A pressão atmosférica superficial em Titã é cerca de cinco vezes maior que a reinante aqui na Terra, na superfície do mar, e a sua temperatura é de apenas 95 kelvins (178 graus Celsius negativos). As nuvens espessas que ocultam grande parte da sua superfície são formadas de cristais de metano, que sofrem constante ação fotoquímica da radiação solar, dando origem a compostos mais complexos.

Nos confins do Sistema Solar: Urano, Netuno e Plutão

Em relação aos planetas mais externos, ainda não existem informações suficientemente consistentes que permitam estabelecer um modelo sobre a presença de atmosfera e sua natureza. Talvez os componentes mais abundantes sejam o hélio, o hidrogênio e o metano.

2. Escondidos na atmosfera

OXIGÊNIO E NITROGÊNIO SÃO IMEDIATAMENTE LEMBRADOS SEMPRE QUE SE MENCIONAM OS GASES ATMOSFÉRICOS. NO ENTANTO NA ATMOSFERA TAMBÉM ESTÃO PRESENTES OS GASES RAROS (ARGÔNIO, HÉLIO E OUTROS), QUE OCORREM EM MENOR QUANTIDADE E QUE SÓ FORAM DESCOBERTOS NA SEGUNDA METADE DO SÉCULO XIX. ESSES GASES DESEMPENHAM IMPORTANTES PAPÉIS CIENTÍFICOS, ECONÔMICOS E SOCIAIS.

Até o final do século XIX, a composição do ar atmosférico terrestre parecia perfeitamente conhecida. Os grandes pesquisadores da química dos gases realizaram, naquele século, inúmeras experiências sob as mais variadas condições, e todas indicavam uma composição constante: quatro quintos de nitrogênio e um quinto de oxigênio, em volume; juntavam-se a esses componentes pequenos volumes de vapor d'água e gás carbônico.

Entretanto cinco gases, substâncias simples de elementos até então desconhecidos, escondiam-se na atmosfera. Eram gases que hoje integram um dos mais homogêneos grupos da chamada "Tabela Periódica dos Elementos", que reúne os elementos químicos em períodos e grupos, segundo suas propriedades.

Essas substâncias, gasosas nas condições ambientais de pressão e temperatura, constituem a família ou grupo dos chamados "gases raros" ou "gases nobres". Os nomes desses gases e seus teores na atmosfera constam na tabela a seguir (o capítulo 1 traz um quadro com a composição total da atmosfera). Nessa tabela não está incluído o radônio (Rn), que também pertence à família dos gases raros, uma vez que só aparece na atmosfera em condições e locais excepcionais.

GASES RAROS E SEUS TEORES NA ATMOSFERA (HOMOSFERA)

Gás raro	Teor (por metro cúbico)
argônio (Ar)	9,3 litros
neônio (Ne)	18 mililitros
hélio (He)	5,2 mililitros
criptônio (Kr)	1,1 mililitro
xenônio (Xe)	0,086 mililitro

Esses dados mostram que em 1 metro cúbico de ar (volume igual ao de uma caixa-d'água comum de 1 mil litros) existem menos de 10 litros de gases raros, isto é, eles não chegam a constituir 1% do volume do ar atmosférico. Entretanto, num compartimento quadrado com lados de 4 metros e altura de 2,5 metros, com um volume de 40 metros cúbicos, existem cerca de 370 litros de argônio. Toda vez que inspiramos profundamente, introduzimos, em nossos pulmões, cerca de 50 mililitros desse gás. Na realidade, o argônio não é um gás tão raro.

Uma pista abandonada e uma substância extraterrestre

A descoberta do hidrogênio e a constatação de que existia algum componente estranho no ar atmosférico são atribuídas ao cientista inglês

Henry Cavendish (1731-1810). Ele realizou experiências que consistiam, fundamentalmente, em provocar a reação do nitrogênio com o oxigênio do ar, mediante o emprego de faíscas elétricas. Considerado um certo volume de ar e as condições experimentais por ele estabelecidas, a reação deveria ser completa: nenhum volume residual deveria aparecer. Mas, estranhamente, sempre restava uma pequena bolha gasosa que não poderia ser de nitrogênio nem de oxigênio. O cientista não foi capaz de dar uma explicação sobre a natureza desse gás residual, mas seu trabalho constituiu o ponto de partida para descobertas sensacionais, descritas a seguir.

Em 1864, muitos anos depois da morte de Cavendish, ocorreu um eclipse total do Sol, fenômeno astronômico que torna visível a luminosa coroa solar (cromosfera do Sol). O astrônomo francês Jules Janssen, fundador do Observatório de Mont Blanc, captou essa luz, usando telescópios especiais, e examinou-a pelo espectroscópio (veja o texto "A análise espectroscópica" a seguir). Descobriu, então, que existia no seu espectro um conjunto de raias nas regiões do amarelo, do vermelho, do verde e do violeta. Nenhum átomo até então conhecido possuía tal espectro; isso, na ocasião, levou *sir* Edward Frankland (químico inglês, descobridor dos compostos organometálicos e criador da Teoria da Valência) e *sir* Joseph Norman Lockyer (astrônomo inglês, pioneiro no estudo do Sol por espectroscopia) a deduzirem que se tratava de átomos de um elemento novo, ao qual deram o nome de *hélio*, palavra que provém do grego, significando "sol". Atualmente, sabe-se que 23% da massa do universo visível ocorre na forma de hélio.

A análise espectroscópica

Robert Bunsen (1811-1899) foi o criador do queimador a gás, conhecido como "bico de Bunsen", usado para aquecimento em laboratórios e indústrias. Ele observou que, quando certas substâncias químicas eram aquecidas, a chama do queimador assumia colorações variáveis, que dependiam da substância usada. O sódio coloria a chama de um amarelo brilhante e o cálcio de vermelho; o bário produzia uma chama verde e o estrôncio uma coloração carmesim, e assim por diante.

Bunsen comunicou esse fato ao físico Gustav Kirchhoff (1824-1887), que passou a estudar o espectro das chamas coloridas. Desde Newton sabia-se que a luz do Sol, ao atravessar um prisma, decompunha-se em feixes coloridos, cuja imagem projetada em anteparo constituía o espectro da luz branca desse astro. Esse efeito deve-se ao fato de a luz branca – do Sol ou de outra fonte luminosa por incandescência – ser formada por ondas de diferentes freqüências, que são refratadas diferencialmente, pelo prisma, de acordo com essas freqüências.

Quando uma substância química é aquecida a altas temperaturas, elétrons de seus átomos são excitados (passam a estados de maior energia); quando esses elétrons se desexcitam (retornam a estados de menor energia), emitem luz de freqüências características. O seu espectro não é, portanto, contínuo, como acontece com o da luz do Sol. As freqüências correspondentes à luz emitida determinam a coloração da chama, e o seu espectro compõe-se de faixas, raias ou bandas coloridas. No caso de substâncias simples, a presença e a disposição dessas bandas são características dos átomos que as constituem.

O dispositivo idealizado por Kirchhoff para analisar o espectro da luz assim emitida passou a ser conhecido como "espectroscópio".

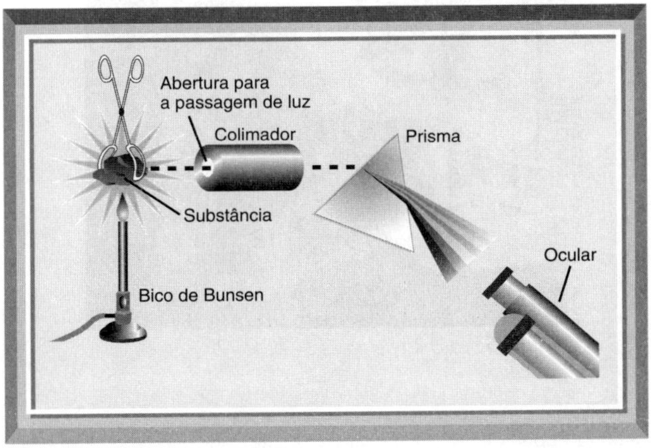

Figura 4. Desenho esquemático de um espectroscópio.

Ele representa um valioso instrumento analítico, que muito colaborou para a descoberta de novos elementos químicos. Atualmente, versões modernas e modificações fundamentais de ordem técnica transformaram a análise espectroscópica num importante recurso para os laboratórios de análises químicas, de pesquisas e outros.

Um caso de precisão e um novo componente do ar

No início do ano de 1880, o físico inglês *lord* Rayleigh[2] iniciou uma série de experiências para determinar as densidades dos gases então conhecidos. Fez as determinações, com bastante precisão, para o oxigênio e para o hidrogênio. Mas, quando iniciou as medições com o nitrogênio, surgiu um problema curioso: havia uma diferença de 0,1% entre os valores da

Figura 5. *Lord* Rayleigh (1842-1919).

[2] Título nobiliárquico herdado por John W. Strutt, que era diretor do Laboratório Cavendish, na Universidade de Cambridge (Inglaterra), quando realizou essas experiências. Ele é comumente referido pelo título.

densidade do nitrogênio, conforme a proveniência da amostra; o nitrogênio extraído do ar era ligeiramente mais denso do que o provindo de substâncias nitrogenadas (no caso ele partia da amônia). Era uma questão de precisão, necessária nas pesquisas científicas.

Lord Rayleigh publicou os resultados e comentou a discrepância, o que chamou a atenção do químico escocês *sir* William Ramsay. Este iniciou, com a autorização de *lord* Rayleigh, um cuidadoso processo de separação química do nitrogênio proveniente do ar, tentando desvendar o antigo mistério da bolha gasosa resultante das experiências de Henry Cavendish. Talvez residisse aí o segredo da diferença de densidade, no fato de o ar conter outro componente ainda não caracterizado. Usando o ar atmosférico e empregando as melhores técnicas de laboratório existentes na época, Ramsay retirou todo o oxigênio das amostras e depois tentou retirar todo o nitrogênio. Mas restava sempre um resíduo gasoso,

CORBIS – STOCK PHOTOS

Figura 6. *Sir* William Ramsay (1852-1916).

que apresentava densidade superior à do nitrogênio. Enquanto isso *lord* Rayleigh repetia as experiências de Cavendish, refinando a técnica e chegando também a um resíduo gasoso de densidade maior que a do nitrogênio. Levou essa amostra ao espectroscópio, obtendo um espectro com raias nas regiões do vermelho, do verde e do azul. Esse conjunto não correspondia a nenhum elemento químico então conhecido. Conseguiu isolar pequenas amostras desse gás desconhecido, usando as antigas técnicas de Cavendish, implementadas em equipamentos mais aperfeiçoados.

Em 13 de agosto de 1894, numa reunião científica realizada em Oxford (Inglaterra), *lord* Rayleigh e Ramsay anunciaram a descoberta de um novo gás da atmosfera. Na ocasião, o presidente da reunião propôs que se designasse o novo elemento de *argônio* (Ar), nome provindo do grego e que significa "preguiçoso", pois Ramsay tentara combinar esse gás com os reagentes comuns na época, não conseguindo obter nenhum composto. A sua elevada densidade era responsável pelas diferenças encontradas nas medidas feitas com o nitrogênio provindo do ar, que estava, portanto, impurificado por argônio.

Um extraterrestre é encontrado na Terra

Em 1888, um pesquisador do Serviço Geológico dos Estados Unidos obteve um gás, quando tratava por ácido sulfúrico um mineral que continha urânio. Não aprofundou as investigações e supôs que tal gás fosse o nitrogênio. Em 1895, depois da descoberta do argônio, Ramsay iniciou uma série de pesquisas sobre esse gás, que era obtido sistematicamente pelo tratamento de minerais radioativos. Para caracterizá-lo submeteu-o aos processos clássicos de purificação e enviou algumas amostras para o químico e físico inglês William Crookes (1832-1919), estudioso das descargas elétricas em gases rarefeitos. Crookes submeteu-as à análise espectroscópica e concluiu tratar-se do gás hélio, já caracterizado no espectro da luz da coroa solar. Após mais de trinta anos de sua descoberta na coroa solar, o elemento químico extraterrestre havia sido identificado na Terra, e, alguns anos mais tarde, Ramsay e seu assistente Morris Travers conseguiram isolar o hélio a partir de uma amostra de gases retirados da atmosfera terrestre.

Mais gases são descobertos no ar

No final do século XIX, o desenvolvimento de equipamentos adequados possibilitou a liquefação do ar. Assim, usando técnicas de destilação fracionada (mais correto seria dizer "de evaporação fracionada"), Ramsay obteve razoáveis quantidades de argônio líquido. Por um processo semelhante, ele e Travers conseguiram fracionar o material liquefeito em duas porções distintas: uma que continha componentes mais voláteis e outra com os menos voláteis.

Fazendo análise espectroscópica da fração mais leve, os cientistas obtiveram um espectro caracterizado por brilhante conjunto de raias na região do vermelho e outro na do alaranjado. O tubo com o gás excitado pelas descargas elétricas emitia uma intensa luz cor de fogo. Foi assim que se descobriu a presença no ar de um novo gás, que foi denominado *neônio* (Ne), isto é, "novo". Na mesma ocasião, Ramsay separou cerca de 1 litro de ar liquefeito e deixou-o evaporar até restar uma única gota do material, o qual submeteu à análise espectroscópica; esta revelou um novo elemento químico escondido na atmosfera. Essa condição valeu-lhe o nome *criptônio* (Kr), palavra de origem grega que significa "escondido". Seu espectro era caracterizado por duas raias, sendo uma na região do amarelo e outra, de grande intensidade, na região do verde.

Em 1898, Ramsay e Travers haviam conseguido acumular grande quantidade de argônio. Então decidiram investigar a provável existência de um novo gás raro. Usando a técnica que haviam aprimorado – liquefação, destilação fracionada e refracionamento de resíduos gasosos –, acabaram caracterizando algo novo, com um espectro de brilhantes raias azuis nunca antes observado. Tratava-se do *xenônio* (Xe), "estranho".

Por suas descobertas de gases nobres, Ramsay recebeu o Prêmio Nobel de Química em 1904. Nesse mesmo ano, *lord* Rayleigh recebeu o

Prêmio Nobel de Física, em reconhecimento pelos seus estudos do nitrogênio com Ramsay.

E como ficava a Tabela Periódica de Mendeleiev?

Em um período de seis anos, Ramsay, inicialmente associado a *lord* Rayleigh e depois a Travers, havia descoberto, isolado e determinado algumas propriedades de cinco novos elementos químicos, todos gases e com propriedades muito semelhantes: eram inertes, tendo sido impossível conseguir reagi-los com as substâncias químicas usuais. Diante disso, tornava-se difícil determinar seus pesos atômicos (massas atômicas relativas) pelos métodos então conhecidos, baseados em reações químicas que levavam à formação de compostos; essa determinação foi feita, conseqüentemente, a partir de suas densidades. À medida que iam sendo estabelecidos esses pesos atômicos, surgiu um problema curioso. Para entender a sua natureza, é necessário recordar o maravilhoso trabalho científico realizado por Dmitri Mendeleiev. Em 1869, Mendeleiev publicou, na Rússia, um interessante sistema de classificação dos elementos químicos (hoje conhecido como "Tabela Periódica dos Elementos"), organizando-os em ordem crescente de seus pesos atômicos e agrupando-os em períodos (linhas) e famílias (colunas), segundo suas propriedades físicas e químicas. O resultado era tão lógico que Mendeleiev pôde prever a existência de elementos químicos ainda não descobertos, para os quais deixou espaços em branco na sua tabela.

Quando o primeiro gás raro, o argônio, foi descoberto, Ramsay verificou que Mendeleiev não havia previsto um lugar para esse elemento na sua classificação, levando-se em consideração seu peso atômico e suas propriedades (no caso, propriedades físicas). Idealizou-se, então, a existência de um novo grupo de elementos químicos, situado entre o dos metais alcalinos (lítio, sódio etc.) e o dos não-metais ou halogênios (flúor, cloro etc.). Constituiu-se, assim, o grupo dos gases raros, que recebeu, em versões posteriores da Tabela Periódica dos Elementos, o número "0" e, atualmente, recebe o número "18".

Mais tarde, quando o físico francês Antoine Henry Becquerel e o casal Pierre e Marie Curie – os três, ganhadores do Prêmio Nobel por suas pesquisas sobre radioatividade – estudaram e caracterizaram a radioatividade, foi incluído nesse grupo mais um gás raro, o radônio (Rn). Sua presença no ar ocorre apenas em regiões restritas, caracterizadas pela existência de minerais radioativos nas suas rochas (no Brasil, por exemplo, aparece na região do Morro do Ferro, no planalto de Poços de Caldas, em Minas Gerais, ou em praias de areias monazíticas, como a praia de Guarapari, no Espírito Santo, entre outras).

Lord Rayleigh, Ramsay e Travers estabeleceram nas suas pesquisas que todos os gases raros até então descobertos caracterizavam-se por uma notável inércia química, o que lhes valeu o nome qualificativo alternativo de "gases inertes". Entretanto, em 1962, foi obtido e estudado, pela primeira vez, um composto de xenônio, flúor e platina ($XePtF_6$). A seguir, novos compostos de xenônio e de criptônio foram produzidos, fazendo com que a denominação "gases inertes" fosse abandonada.

Ciência e economia

A descoberta dos gases raros na atmosfera resultou de um intenso trabalho científico, que permitiu o desenvolvimento de equipamentos mais aprimorados e novos recursos tecnológicos. Desde o início do século XX, acentuou-se cada vez mais o aproveitamento do conhecimento científico em processos tecnológicos. Trata-se de uma tendência que exige investimentos sempre maiores para acompanhar o crescimento da indústria derivada desses processos. Por outro lado, em determinados momentos, o avanço da própria ciência depende de inovações tecnológicas; exemplos recentes são os diferentes tipos de microscópio que permitem a obtenção de imagens em nível atômico.

A liquefação do ar e as técnicas para a sua destilação fracionada usadas pelos cientistas (veja o capítulo 4) levaram à organização de poderosas indústrias; estas acabaram constituindo oligopólios que dominaram o mercado dessas substâncias. O caso do hélio ilustra bem a situação: por apresentar baixos teores na atmosfera, sua extração mostrava-se antieconômica; entretanto ele é abundante em algumas fontes minerais e poços de gases naturais, de onde provém quase todo o hélio atualmente em estoque. Tais fontes localizam-se em grande parte nos Estados Unidos, que, dessa forma, detêm o monopólio da produção e comercialização desse gás. Por causa dessa situação, a Alemanha teve de abandonar a construção de balões dirigíveis (do tipo zepelim), pois os norte-americanos, por razões estratégicas, negaram-se a vender o hélio que substituiria o hidrogênio, o gás até então empregado e muito perigoso devido ao seu potencial explosivo.

3. Gás carbônico: um componente versátil

O gás carbônico é um componente da atmosfera essencial à vida de vegetais e de alguns organismos marinhos. Sua principal fonte é a combustão de materiais carbonados, sendo consumido, principalmente, via fotossíntese ou solubilização em águas oceânicas. Ele torna as águas pluviais levemente ácidas, causando o surgimento de belas cavernas calcárias.

O gás carbônico (CO_2), também conhecido como "dióxido de carbono", é considerado um componente normal da atmosfera terrestre, embora seu teor varie conforme a época e o local. Por exemplo, num recinto fechado, onde haja grande número de pessoas, o seu teor apresenta-se mais alto do que num ambiente aberto e bem-ventilado. Entretanto, no ar sobre uma cidade, o teor desse gás costuma ser mais elevado, em decorrência das atividades humanas.

Fontes do gás carbônico atmosférico

A presença desse gás na atmosfera terrestre resulta, principalmente, do fenômeno chamado pelos químicos de "combustão". Combustão é uma reação química, acompanhada pela produção de luz e calor, na qual participa o oxigênio; se o material combustível for o carbono (ou contiver esse elemento), poderá ocorrer a produção de gás carbônico, que será incorporado à atmosfera terrestre. Os exemplos mais comuns de combustão são a queima de madeira (lenha), queimadas de vegetação, queima de carvão sob as mais variadas formas, queima de gasolina, óleo *diesel*, álcool hidratado (etanol) e gás liquefeito de petróleo (GLP).

A respiração dos animais e dos vegetais constitui outra fonte geradora de gás carbônico atmosférico. A respiração é um processo complexo que gera substâncias necessárias à vida e do qual resulta a produção desse gás, que é liberado pelos organismos.

O teor de gás carbônico na atmosfera tem variado ao longo dos tempos, mostrando uma tendência ao crescimento. Isso decorre do aumento da população humana e, conseqüentemente, das atividades exercidas pelo homem que levam à produção desse gás. A tendência de aumento do teor do gás carbônico na atmosfera acelerou-se muito com o advento da Revolução Industrial (século XVIII). Assim ele passou de 279 mililitros por metro cúbico, em 1765, para 296, em 1900, atingindo 369 mililitros por metro cúbico, em 2000 (veja a figura 7).

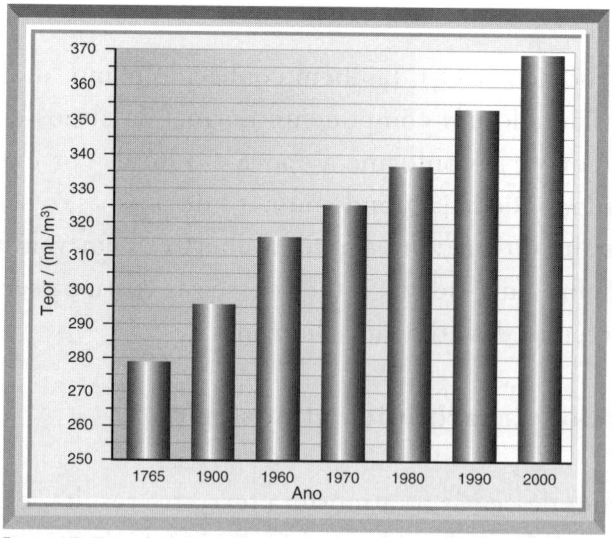

Figura 7. Teor de gás carbônico na atmosfera.

A aceleração desse processo nas últimas décadas fica bem clara quando se comparam dados de um intervalo de tempo de quase duzentos anos, no passado, com os dos quarenta anos recentes: de 1765 a 1960, o teor de gás carbônico na atmosfera subiu 13%, e, somente de 1960 a 2000, esse aumento foi superior a 16%. Se a emissão de gás carbônico continuar crescendo no ritmo atual, estima-se que, entre a metade e o final deste século, a quantidade de CO_2 na atmosfera será duplicada. Prevê-se que uma das sérias conseqüências desse aumento serão alterações climatológicas, como a elevação da temperatura média do ar, conforme discutiremos mais adiante.

A evolução do teor de gás carbônico na atmosfera vem preocupando os cientistas há algum tempo. No final do século XIX, por exemplo, o cientista sueco Svante A. Arrhenius já se inquietava com as possíveis alterações climáticas decorrentes desse fenômeno. Em 1957, estabelecido como Ano Geofísico Internacional, quando finalmente foram realizados levantamentos sistemáticos, em todo o mundo, sobre o meio ambiente, constatou-se efetivamente o aumento no teor de CO_2. Então, por iniciativa de pesquisadores norte-americanos, a partir daquele ano passou-se a monitorar continuamente o teor de CO_2 na atmosfera; para isso foram instalados instrumentos adequados no observatório climatológico de Mauna Loa, no Havaí. Os dados obtidos (veja a figura 8) confirmam mais uma vez o aumento sistemático do teor de CO_2, com uma curiosa flutuação anual decorrente da diferença de retirada desse gás pelas plantas no verão e no inverno – no verão, devido à maior atividade na fotossíntese, registra-se uma diminuição no teor de CO_2. Em 2003, o teor médio de CO_2 na atmosfera chegou a 376 mililitros por metro cúbico.

No Brasil, no início da década de 1990, a quantidade anual de CO_2 transferida para a atmosfera era de 167 milhões de toneladas, provenientes da queima de combustíveis fósseis (53 milhões de toneladas), da fabricação de cimento (4 milhões de toneladas) e de queimadas de vegetação (110 milhões de toneladas), principalmente na região amazônica. Isso representa 2,2% do total emitido por todos os países, calculado em 7,6 bilhões de toneladas anuais.

Outra fonte (pouco notada) de gás carbônico são as águas naturalmente carbonatadas ou bicarbonatadas, em geral classificadas no grupo

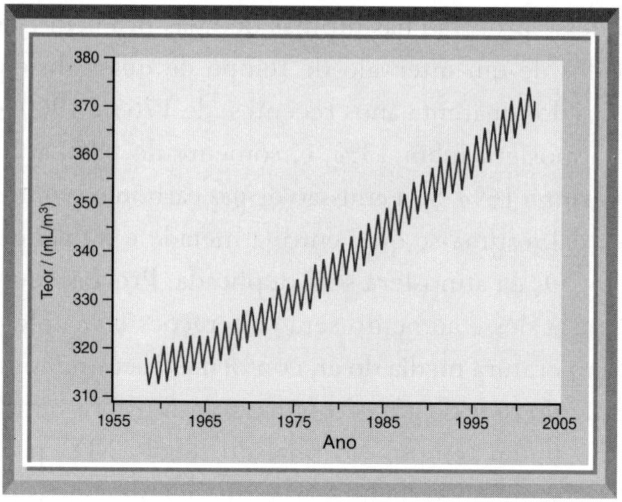

Figura 8. Aumento do teor de dióxido de carbono na atmosfera.

de águas minerais e bastante conhecidas em várias estâncias hidrominerais de nosso país.

Um acidente ecológico natural e curioso ocorreu num lago de águas naturalmente carbonatadas num vale da República dos Camarões (África Central), em 1986. Nessa região, o Lago Nyos "arrotou" repentinamente uma gigantesca bolha de gás carbônico, que provocou a elevação momentânea do nível das suas águas em 25 metros e alterou tragicamente a atmosfera normal do vale. Sendo uma vez e meia mais denso que o ar, o gás carbônico expulsou o ar da região, provocando a morte, por sufocação, de cerca de 1,7 mil habitantes e de todos os animais que ali viviam. Recentemente, nesse e no Lago Monoun, que fica na mesma região, iniciou-se a instalação de sistemas de drenagem do gás carbônico que se acumula no fundo desses lagos, com o objetivo de torná-los seguros (à prova de novos "arrotos").

Consumidores do gás carbônico atmosférico

Vários processos controlam a quantidade de gás carbônico na atmosfera, determinando a sua retirada e incorporando-o a ambientes, seres vivos ou materiais existentes na crosta terrestre. Dentre eles, destaca-se o efetuado pelas plantas através da fotossíntese. Nesse processo, o gás carbônico atmosférico é fixado por um mecanismo físico-químico e transformado em substâncias mais complexas, que servem para a nutrição das plantas.

A fotossíntese abrange um conjunto de reações, por meio do qual as plantas superiores, algumas algas e bactérias capturam energia solar, convertem-na em energia química e usam essa energia para obter açúcares a partir de gás carbônico. Embora o processo de fixação do gás carbônico pelas plantas, que leva à produção de açúcares e à liberação de gás oxigênio, seja conhecido há mais de 150 anos, os detalhes de seu funcionamento só foram elucidados nos últimos 50 anos. A fotossíntese envolve a difusão do gás carbônico atmosférico para o interior da planta através de poros (estômatos) existentes na superfície externa das folhas, atingindo organelas chamadas “cloroplastos”, nas quais ela ocorre. O principal pigmento responsável pela absorção de energia luminosa na fotossíntese por plantas é a clorofila, uma substância orgânica de estrutura complexa que contém, em cada molécula, um átomo de magnésio. Assemelha-se à hemina, a unidade básica da hemoglobina do sangue, porém cada unidade de hemina contém um átomo de ferro, em vez de magnésio.

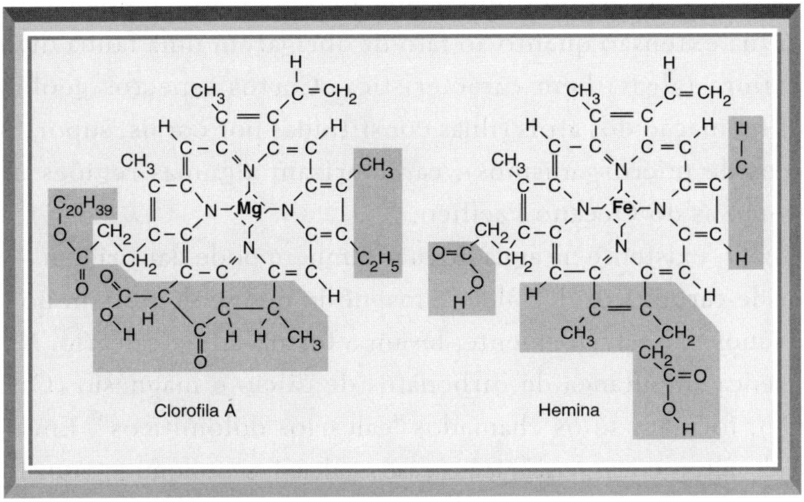

Figura 9. Fórmulas estruturais de clorofila A e da hemina.

A contribuição ou não das plantas para a retirada de gás carbônico atmosférico deve ser considerada em termos mais reais, visto que os processos de respiração dos vegetais também repõem CO_2 na atmosfera. Estudos recentes indicam que o aumento do teor de gás carbônico atmosférico poderá provocar mudanças no caráter das comunidades vegetais, gerando alterações na estabilidade dos ecossistemas, bem como na dos ciclos de nutrientes.

Os oceanos também consomem CO_2, através da solubilização desse gás na água salgada. Uma vez dissolvido, o gás carbônico pode ser usado na fotossíntese por algas dos mais variados tamanhos, desde microscópicas até gigantescas (como os sargaços). As algas microscópicas são um dos constituintes do plâncton marinho, indispensável para a alimentação de peixes e cetáceos. As algas de estrutura gigante, por sua vez, são utilizadas pelo homem como alimento ou como matéria-prima na indústria, principalmente para a produção de substâncias como o bromo, o iodo e os alginatos (materiais gelatinosos empregados como espessantes e emulsificantes).

O gás carbônico dissolvido, em grande quantidade, nos oceanos forma, por outro lado, carbonatos e bicarbonatos. Essas substâncias são metabolizadas por organismos vivos, que as utilizam na produção de estruturas para seu suporte e/ou proteção (conchas e estruturas coralinas). Os corais têm importância geológica e ecológica, devido tanto à sua extensão quanto ao fato de abrigarem uma fauna diversificada e flora (algas) bem característica. Certos aspectos geológicos, como a formação dos atóis (ilhas constituídas por corais, suportes carbonáceos de microrganismos), caracterizam algumas regiões marítimas, como as do Oceano Pacífico.

O CO_2 existente na água do mar também pode dar origem a precipitados de carbonatos de cálcio e magnésio que se depositam no fundo dos oceanos e, posteriormente, levam à formação de calcário. No caso da presença simultânea de carbonatos de cálcio e magnésio ($CaCO_3$ e $MgCO_3$), formam-se os chamados "calcários dolomíticos". Em decorrência de alterações geológicas, esses calcários podem se transformar em mármores. Os calcários são usados para a produção de cal viva

(CaO), de cimento tipo Portland e para a modificação de propriedades físicas e químicas dos solos. Neste último caso eles são empregados sob a forma de um pó muito fino e têm permitido a recuperação de solos considerados impróprios ao cultivo. Os mármores servem como material de construção e para a confecção de esculturas. Em alguns casos, calcários e mármores abrigam vestígios da vida marítima sob a forma de fósseis. Depois de polidos, os mármores contendo fósseis marinhos constituem peças ornamentais muito apreciadas.

Gás carbônico e chuvas

Normalmente o gás carbônico presente na atmosfera dissolve-se na água das chuvas, originando uma solução ligeiramente ácida. Por isso a água pluvial não contaminada apresenta um pH igual a 5,6, considerado o pH limite. Abaixo desse valor, qualifica-se uma chuva como "ácida", não se levando em conta aí outros componentes químicos estranhos à composição normal do ar atmosférico, que também determinam condições de chuva ácida, tais como óxidos de enxofre e de nitrogênio (esse tema é discutido em detalhes no capítulo 6). Para um melhor entendimento do conceito de pH, veja o texto e a figura na próxima página.

O fato de a chuva ser ácida traz certos efeitos, como a erosão química de monumentos. Normalmente qualquer material exposto ao ambiente e sob a ação de chuvas, ventos, organismos vivos etc. sofre uma degradação denominada "intemperismo". Na construção de edifícios, pisos, monumentos, estátuas etc., utilizam-se rochas, tais como os calcários e os mármores, que têm como componente químico principal o carbonato de cálcio ($CaCO_3$), em geral sob a forma cristalina de um mineral chamado "calcita". Quando sujeito à ação das chuvas, esse material se desagrega, ocasionando a destruição ou danificação de fachadas de prédios, degraus de escadarias e pisos, além da perda do valor estético de monumentos, estátuas e similares (veja a figura11).

O processo de ataque da chuva ácida deriva da reação química entre o carbonato de cálcio e o ácido carbônico, levando à formação de bicarbonato de cálcio [$Ca(HCO_3)_2$], que é solúvel na água, ao passo que o carbonato não o é.

Outro efeito das chuvas normalmente ácidas é a formação de cavernas. Em certas regiões, o subsolo compõe-se de rochas calcárias e pode ocorrer a infiltração da água das chuvas, que penetra nos corpos rochosos, causando a sua dissolução na forma de bicarbonato de cálcio.

Índice pH

O índice pH mede a acidez ou a basicidade (alcalinidade) de uma solução aquosa, que normalmente varia entre os limites de 0 a 14. O valor "0" equivale a uma forte acidez, e o "14" a uma forte basicidade. Se a solução não for nem ácida nem básica, o seu pH será igual a 7. Valores de pH menores que 7 são característicos de soluções ácidas, e, quanto menor o valor do pH, maior a acidez. Já valores de pH maiores que 7 são característicos de soluções básicas, e, quanto maior o valor do pH, maior a basicidade.

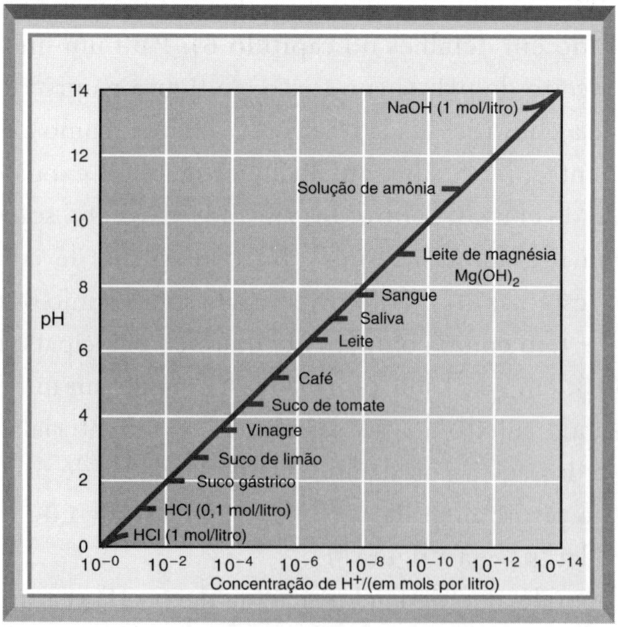

Figura 10. Índice pH de diferentes materiais.

Figura 11. Monumento erodido por chuva ácida.

Ao se introduzir por juntas e poros dessas rochas, a água vai alargando os vazios, abrindo canais e, às vezes, cavando grandes espaços ocos (cavernas). Tais cavernas apresentam-se sob a forma de corredores e salões subterrâneos, alguns de grande extensão. No caso de o teto dessas cavernas desabar, ocorrem o afundamento do terreno sobrejacente e a formação de depressões afuniladas, chamadas “dolinas”. Eventualmente as depressões acumulam água, dando origem a lagoas mais ou menos circulares. Já os desabamentos em áreas habitadas provocam a destruição de edifícios e vias públicas, como já aconteceu, na década de 1980, em uma cidade da Grande São Paulo.

Nas cavernas calcárias, ocorre a infiltração das águas superficiais ou de lençóis de água subterrâneos, carregadas de bicarbonato de cálcio, que afloram no teto, de onde gotejam. Tais gotas, ao serem expostas ao ar, perdem o gás carbônico dissolvido, o que faz com que o bicarbonato de cálcio volte à forma de carbonato de cálcio, que, por ser insolúvel, se precipita, formando cristais de calcita. No decorrer dos tempos, esses cristais fundem-se em grandes massas pendentes do teto das cavernas; trata-se das estalactites, que assumem as mais variadas formas (colunas, cortinas, tubos de órgão, figuras de animais etc.). Por processo semelhante, as gotas de água carregadas de bicarbonato que caem no solo formam as estalagmites. São essas formações que dão extraordinária beleza às grutas calcárias, transformando-as em atração turística. Em condições especiais, os cristais de calcita precipitam-se dentro de poças d’água, originando espetaculares estruturas globulares chamadas "pérolas das cavernas". As águas de infiltração que geram as cavernas calcárias podem ser drenadas por cursos d'água subterrâneos, que eventualmente afloram nas proximidades dessas formações geológicas.

É de esperar que o interior das cavernas contenha ar com alto teor de gás carbônico, que se acumula nas partes baixas (o CO_2 é mais denso que o ar), especialmente junto ao solo. Esse fato representa um perigo para os exploradores de cavernas e, em alguns casos, chega a impedir a entrada de pequenos animais, que são sufocados por estarem com as narinas mergulhadas no gás carbônico acumulado próximo ao solo. Um exemplo desse tipo de fenômeno ocorre na Gruta do Cão, localizada na Itália. No caso das cavernas brasileiras, não existem relatos de sufocação por gás carbônico nelas acumulado.

Há cavernas calcárias em muitas regiões do Brasil, sendo mais famosas as da região da Lagoa Santa, em Minas Gerais: Lapinha, Maquiné, Lapa Nova,

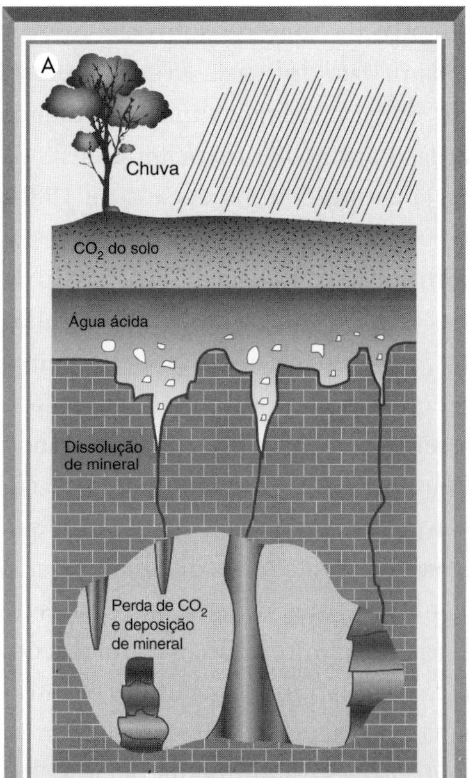

ADRIANO GAMBARINI

Figura 12. Formação de cavernas calcárias (A) e aspecto das estalactites e estalagmites (B), em Campo formoso, BA.

Lapa Vermelha e São João del Rei (a Lagoa Santa, por sua vez, que tem forma circular, resultou do desabamento do teto de uma caverna, formando uma dolina que foi preenchida por águas subterrâneas). Também bastante conhecidas, as formações do Vale do Ribeira de Iguape, em São Paulo, constituem o maior conjunto de cavernas calcárias no país; entre elas, destaca-se a Caverna do Diabo, ponto turístico da região. Existem cavernas desse tipo em outras regiões do Brasil, como a que abriga o Santuário do Bom Jesus da Lapa, na Bahia, e as do vale do Rio Salitre, no estado do Ceará. No âmbito mundial, as mais famosas são as enormes Cavernas de Carlsbad, localizadas no sudoeste do estado do Novo México, nos Estados Unidos.

Um componente essencial... e prejudicial

Resumindo muito o que foi examinado sobre o gás carbônico, compreende-se que esse gás é essencial à vida dos vegetais e à manutenção da vida de organismos marinhos com esqueletos externos de carbonato de cálcio. Sua presença no ar resulta de várias fontes, entre elas a respiração dos animais.

Não é incomum a queimada de campos e florestas ser apontada como a grande culpada pelo aumento do teor do gás carbônico na atmosfera. No entanto convém lembrar que o aumento da população humana traz consigo o aumento do número de focos de combustão, tais como fogões, queima de combustíveis em motores de explosão, combustões para aquecimento de caldeiras (usinas termoelétricas), fornos etc. Outras fontes de energia podem ser utilizadas, mas a realidade mostra que a implantação de processos alternativos tem sido lenta, pois esbarra em dificuldades técnicas e econômicas.

Parece que o essencial é encontrar um ponto de equilíbrio entre a produção e o consumo do gás carbônico. Trata-se de um problema de extrema complexidade, e sua solução exigirá um esforço conjugado das pessoas comuns, do cientista e do técnico. Isso implicará mudanças radicais no sistema de vida que o homem adotou nesse tipo de civilização industrial. Ele aceitará tais mudanças? Abrirá mão de situações confortáveis? Ou a maioria deixará as coisas simplesmente acontecerem, sem se preocupar com o futuro da raça humana e do planeta?

4. Gases da atmosfera a serviço do homem

Da atmosfera são obtidos nitrogênio, oxigênio, neônio, argônio, criptônio e xenônio, que têm diferentes aplicações, especialmente criogênicas, metalúrgicas e em lâmpadas de néon. O hélio é utilizado em criogenia, em balões e atmosferas para mergulhadores, enquanto o gás carbônico, obtido por combustão e fermentação, é usado em extintores e em bebidas.

Além de atuarem sobre a biota, os gases da atmosfera têm papel importante como matéria-prima para indústrias químicas ou para outros fins. Desse ponto de vista, talvez eles passem despercebidos por muitos daqueles que estão mergulhados no fundo desse oceano gasoso.

Um gás atmosférico que age muito discretamente

Todos os agricultores – profissionais ou amadores – sabem que um componente importante dos solos é a matéria orgânica, isto é, os restos de animais ou vegetais que se incorporam à matriz mineral do solo. A esse material acrescentam-se os microrganismos, que incluem bactérias e fungos e podem chegar a mais de 1 bilhão por grama de solo. Os microrganismos participam de complexos processos bioquímicos que aumentam a fertilidade dos solos agriculturáveis, por meio da mobilização de nutrientes essenciais à vida das plantas e à transformação de material orgânico em húmus. Ao ser agregado aos solos, o húmus contribui para melhorar o seu desempenho pela modificação de suas propriedades físicas e químicas.

Um dos nutrientes essenciais às plantas é o elemento nitrogênio, fornecido, por exemplo, pela matéria orgânica e pelos adubos químicos nitrogenados incorporados ao solo. Entre os adubos nitrogenados estão materiais diversos, cujos componentes incluem substâncias tais como o nitrato de sódio ($NaNO_3$), o nitrato de potássio (KNO_3), o nitrato de amônio (NH_4NO_3), o sulfato de amônio ($(NH_4)_2SO_4$), a uréia (H_2NCONH_2) etc. Muitas vezes o próprio gás amônia (NH_3) pode ser usado como adubo nitrogenado, após sua dissolução nas águas de irrigação.

Há situações em que o nitrogênio se incorpora aos solos ou às plantas diretamente da atmosfera (que contém cerca de 80% em volume do gás nitrogênio), resultando em verdadeira adubação nitrogenada. As faíscas elétricas (raios e relâmpagos) podem unir os dois principais componentes da atmosfera, transformando-os em óxidos de nitrogênio; os motores de explosão também podem promover a mesma reação, lançando na atmosfera gases que contêm compostos nitrogenados. Assim como eles chegam ao ar, outros mecanismos conseguem retirá-los de lá, constituindo-se em verdadeiros sorvedouros. Por processos químicos diversos, esses óxidos são transformados em ácido nítrico (HNO_3) ou em nitrato, que eventualmente se depositam na superfície da Terra ou para ela são arrastados pela água das chuvas. Análises químicas revelam que não é desprezível a incorporação de nitrogênio atmosférico aos solos por essas formas indiretas.

Existem ainda processos que envolvem a ação intermediária de microrganismos capazes de metabolizar diretamente o nitrogênio da atmosfera. Algumas bactérias, como a *azobacter*, podem viver livres nos solos agrícolas e fixar diretamente o nitrogênio do ar, incorporando-o ao solo explorado pelas raízes da planta; entretanto a incorporação desse nutriente é muito pequena, carecendo de importância prática.

Outros microrganismos, como a bactéria *rhisobium*, fixam-se às raízes de certas plantas leguminosas, formando nódulos característicos, por meio dos quais essas bactérias fixam o nitrogênio aéreo e o incorporam às plantas hospedeiras. Essas bactérias vivem em simbiose com leguminosas, tais como vários tipos de feijões, a soja, a alfafa, o trevo etc. Se, depois de crescidas, essas plantas forem trituradas e incorporadas ao solo, acabarão consistindo na chamada "adubação verde", que enriquece o local do cultivo em matéria orgânica e em nitrogênio. Estima-se que a quantidade de nitrogênio aéreo fixada ao solo por essas vias biológicas atinja valores da ordem de 90 milhões a 175 milhões de toneladas por ano.

A indústria de gases atmosféricos

Os gases industriais obtidos a partir do ar atmosférico desempenham papel relevante na economia das indústrias modernas. O ar fornece seis gases industriais: nitrogênio, oxigênio, neônio, argônio, criptônio e xenônio. Uma importante utilização desses gases é na produção e manutenção de temperaturas muito baixas em sistemas, tendo dado origem a uma área tecnológica conhecida como "criogenia" (geração de frio). Essa área abarca a produção e utilização de frio muito intenso, na faixa de temperatura abaixo de 100 graus Celsius negativos.

As substâncias criogênicas, também conhecidas como "gases criogênicos", recebem essa denominação devido às baixas temperaturas de ebulição que apresentam, conforme mostra a tabela a seguir.

SUBSTÂNCIAS CRIOGÊNICAS

Nome	Temperatura de ebulição	
	Em graus Celsius	Em kelvins
hélio	−268,9	4,2
neônio	−246	27,1
argônio	−185,9	87,3
criptônio	−152,3	120,8
xenônio	−107	166,1
nitrogênio	−195,8	77,4
oxigênio	−183	90,2
dióxido de carbono sólido (sublima) líquido (sob 5,2 atmosferas)	 −78,6 −56,6	 194,6 216,6

A utilização de substâncias criogênicas traz enormes vantagens econômicas nos setores de armazenamento e transporte. Por exemplo, 28,3 litros de oxigênio líquido equivalem a 24,3 metros cúbicos de oxigênio gasoso, a pressão e temperatura ambientes. Os distribuidores de substâncias criogênicas armazenam e transportam esses materiais no estado líquido (exceto o gelo seco), em tanques metálicos ou carros-tanque com paredes duplas semelhantes às de garrafas térmicas de uso doméstico. No espaço entre as paredes duplas, o ar é retirado o máximo possível (criando-se um vácuo parcial), para evitar que o calor do ambiente atinja o líquido criogênico contido no recipiente.

◆ Nitrogênio

O nitrogênio é produzido principalmente pela liquefação do ar. Cerca de dois terços do nitrogênio industrial são comercializados como gás, em cilindros, e cerca de um terço na forma de nitrogênio líquido, a uma temperatura de 195,8 graus Celsius negativos.

As principais aplicações do nitrogênio gasoso são:

a) na indústria de aço, para impedir o contato do metal a alta temperatura com o ar, o que poderia provocar explosões e incêndios;

b) na indústria alimentícia, para evitar a deterioração dos alimentos por reações químicas ou ações microbiológicas (de microrganismos aeróbios);

c) na indústria farmacêutica, no empacotamento de remédios, mantendo-os em atmosfera inerte;

d) na comercialização de flores, especialmente as destinadas à exportação, com o acondicionamento destas em invólucros plásticos contendo nitrogênio gasoso, o que aumenta a sua durabilidade pela exclusão do oxigênio do ar.

Já o nitrogênio líquido é bastante utilizado no congelamento de materiais moles (carne e borracha, por exemplo), para posterior trituração. Quando congelados, esses materiais tornam-se duros e quebradiços, facilitando a trituração. É um dos processos preferidos para o tratamento de carne, porque não provoca alterações em seu sabor.

Outra aplicação importante, e mais conhecida, do nitrogênio líquido consiste na preservação de materiais biológicos, tais como sangue e sêmen. A 195,8 graus Celsius negativos, a durabilidade desses materiais biológicos é consideravelmente prolongada, pois a maioria das reações químicas praticamente cessa a baixas temperaturas. Essa tecnologia permitiu a expansão dos processos de inseminação artificial em animais, levando a uma acentuada melhoria de rebanhos pelo uso de sêmen provindo de reprodutores altamente selecionados. Uma aplicação recente é o armazenamento de sangue de cordões umbilicais em nitrogênio líquido. Esse material contém células-tronco formadoras de sangue, as quais apresentam boas perspectivas para o tratamento de diversas doenças graves, como leucemia, outros tipos de câncer e distúrbios imunológicos.

Oxigênio

Obtido industrialmente pela liquefação do ar, o oxigênio é comercializado tanto na forma gasosa quanto na líquida. Como gás, tem largo uso na indústria do aço, para acelerar os processos de oxidação de impurezas geralmente existentes no ferro fundido que está sendo transformado em aço. Também é muito empregado em maçaricos de alta temperatura (superior a 3 mil graus Celsius). Nesses equipamentos, usados para soldas e cortes de chapas metálicas, o oxigênio serve para acelerar a combustão de outro gás, como o acetileno (C_2H_2) ou o hidrogênio (H_2). O oxigênio também é utilizado para fins médicos, sendo consumido por pacientes com dificuldades respiratórias.

O oxigênio líquido é empregado em grande escala na indústria aeroespacial, como componente de misturas combustíveis dos foguetes de lançamento de sondas ou aeronaves espaciais. Para se ter uma idéia das quantidades envolvidas, basta citar seu uso em lançamentos de ônibus espaciais, cujas turbinas principais funcionam via combustão de hidrogênio: a capacidade do reservatório de oxigênio líquido do tanque externo é de cerca de 543 mil litros (na parte inferior do mesmo tanque externo também se encontra o reservatório para o hidrogênio líquido, com capacidade de cerca de 1,46 milhão de litros).

NASA/NEWSMAKERS – GETTY IMAGES

Figura 13. Lançamento do ônibus espacial *Endeavor* (19 de abril de 2001). O ônibus está acoplado ao tanque de oxigênio e hidrogênio líquidos que abastecem suas turbinas; em cada lado do tanque está acoplado um foguete de combustível sólido.

Gases raros

Como visto no capítulo 2, os gases raros correspondem a cerca de 1% da atmosfera. Conseqüentemente, o argônio, o neônio, o criptônio e o xenônio são produzidos comercialmente pela liquefação do ar. Embora a quantidade de hélio no ar seja bem maior que a de criptônio e xenônio, a sua obtenção por meio da liquefação do ar mostra-se antieconômica. Fica bem mais barato obtê-lo em jazidas subterrâneas de gás natural, que, em alguns casos, assinalam uma proporção de até 7% – as jazidas ricas em hélio mais importantes situam-se nos Estados Unidos e na Rússia.

◆ Hélio

O primeiro uso em grande escala desse gás data da Primeira Guerra Mundial (1914-1918), quando as tropas aliadas adotaram o hélio nas aeronaves mais leves que o ar, em substituição ao hidrogênio. Hoje seu emprego em aeronaves perdeu importância, porém ele continua sendo usado em balões meteorológicos e de pesquisa da alta atmosfera.

Como líquido criogênico, o hélio líquido permite atingir temperaturas extremamente baixas – 269 graus Celsius negativos (4,2 kelvins) –, sendo usado, por exemplo, para resfriar magnetos supercondutores em aparelhos de obtenção de imagens por ressonância magnética (IRM), atualmente tão importantes na diagnose médica. Usos criogênicos respondem por cerca de 25% do consumo de hélio.

Outro uso importante do hélio (equivalente a cerca de 20% do seu consumo) é em soldagem a arco elétrico sob atmosfera inerte, para metais leves como ligas de alumínio e magnésio, em que o hélio evita que as partes aquecidas sejam oxidadas pelo ar.

O hélio, em mistura com o oxigênio, também serve como atmosfera para mergulhadores submarinos e operários de túneis profundos. A vantagem reside no fato de o hélio ser muito menos solúvel no sangue que o nitrogênio. Assim, a substituição deste por aquele impede a ocorrência do mal-dos-mergulhadores, formação de bolhas de nitrogênio no sangue, que pode ocasionar narcose ou morte por embolia. Cerca de 3% do consumo de hélio volta-se para esse fim.

Do hélio comercializado em 2002, 125 milhões de metros cúbicos provieram dos Estados Unidos, 14 milhões da Argélia, 4 milhões da Rússia e 1 milhão da Polônia. Nesse mesmo ano, as reservas mundiais desse gás eram estimadas em cerca de 25 bilhões de metros cúbicos (25 gigametros cúbicos – 25 Gm^3), assim distribuídos: Estados Unidos, 9 Gm^3; Rússia, 7 Gm^3; Argélia, 3 Gm^3; Canadá, 2 Gm^3; Polônia, 0,3 Gm^3; outros, 3,7 Gm^3. Como a demanda por hélio tem crescido a uma taxa de 5% ao ano, prevê-se que, no futuro próximo, deverá ocorrer grande escassez. Não há nenhum substituto para o hélio em aplicações criogênicas que necessitem de temperaturas inferiores a 246 graus Celsius negativos. No entanto, em soldagem a arco elétrico sob atmosfera inerte, ele pode ser substituído pelo argônio.

◆ Argônio, neônio, xenônio e criptônio

A aplicação mais importante do argônio encontra-se nos processos metalúrgicos para obtenção dos metais zircônio e titânio. Outro uso importante é na soldagem de metais, como o alumínio e aços inoxidáveis; nesse caso, ele evita que o oxigênio do ar entre em contato com o metal a ser soldado, o que levaria à sua oxidação.

Uma utilização comum dos gases raros consiste no enchimento de tubos de anúncios luminosos, conhecidos como "lâmpadas de néon". À pressão reduzida e sob a ação de descargas elétricas, esses gases emitem luz de diferentes cores: vermelha (neônio puro), rosa-pálido (hélio), azul (argônio), azul-pálido (criptônio) e verde-azulado (xenônio). Outras cores podem ser obtidas pela mistura desses gases e, às vezes, pela introdução de pequenas quantidades de mercúrio.

Dióxido de carbono

Apesar de existirem muitas fontes de gás carbônico, ele é obtido principalmente pelos seguintes processos industriais:

a) na combustão de gás natural, óleo combustível ou carvão;
b) como subproduto no processo de fermentação de açúcares, na indústria de álcool, ou nos fornos de produção de cal virgem.

O gás carbônico obtido por um desses processos é, muitas vezes, liquefeito ou solidificado, levando à produção de dióxido de carbono líquido ou sólido (conhecido como "gelo seco").

A indústria de bebidas utiliza o gás carbônico em grande escala, para melhorar tanto o sabor do produto quanto as condições de sua conservação. O sabor acídulo conferido pelo gás carbônico às bebidas gaseificadas torna mais palatável a sua ingestão. Esse gás também é usado nos extintores de incêndio do tipo espuma: tais equipamentos expelem uma densa espuma, formada pela ação do gás carbônico, que abafa a chama, ao afastar o contato do oxigênio atmosférico.

O dióxido de carbono líquido é usado em extintores de incêndio e como propelente de aerossóis líquidos (em substituição aos clorofluorcarbonetos, principais responsáveis pelo surgimento do buraco na camada de ozônio, conforme será visto no capítulo 6).

O emprego mais difundido do dióxido de carbono sólido ocorre na refrigeração de sorvetes, carnes e outros alimentos. Ele ficou conhecido como "gelo seco" porque, à pressão ambiente, ele sublima, isto é, passa da fase sólida diretamente para a gasosa, numa temperatura de 78,5 graus Celsius negativos. O uso de gelo seco tem a vantagem adicional de criar uma atmosfera isenta de oxigênio (anóxica), o que protege os alimentos da eventual ação de bactérias aeróbias.

5. Estranhos no ninho e seus efeitos

ALÉM DOS COMPONENTES NORMAIS, A ATMOSFERA CONTÉM DIVERSAS SUBSTÂNCIAS PROVENIENTES DE REAÇÕES ENTRE SEUS PRÓPRIOS COMPONENTES OU DE FONTES GEOLÓGICAS E BIOQUÍMICAS. ENTRE ESSAS SUBSTÂNCIAS, DESTACAM-SE COMPOSTOS DERIVADOS DE ENXOFRE E DE NITROGÊNIO, HIDROCARBONETOS, ÓXIDOS DE CARBONO E OZÔNIO. SUA PRESENÇA CAUSA ALTERAÇÕES QUE, EM GERAL, SÃO PREJUDICIAIS À VIDA.

Além dos componentes normais existentes na atmosfera seca e limpa, outras substâncias, com teores variáveis dentro de uma ampla faixa, são eventualmente encontradas em diferentes pontos da atmosfera. Esses estranhos no ninho podem provir de reações entre componentes da própria atmosfera ou de fontes ligadas a processos geológicos ou bioquímicos ocorridos na crosta terrestre, ou ainda resultar de processos ligados às atividades do próprio homem. Neste último caso são referidos como de "origem antrópica".

Tais componentes podem ser substâncias simples ou compostas, gases ou sólidos pulverizados e mesmo gotículas líquidas suspensas na atmosfera, quando então recebem a denominação genérica de "aerossóis". Sob certas circunstâncias, além desses materiais e substâncias, no ar atmosférico também podem estar presentes esporos, bactérias e microrganismos em geral.

Os malcheirosos derivados do enxofre

O enxofre é um elemento químico relativamente abundante na Terra, ocorrendo em suas rochas mais internas, na crosta sólida, nos oceanos e nas águas superficiais ou subterrâneas. Como resultado dessa onipresença, ele aparece também na atmosfera sob a forma de diferentes compostos. Trata-se de um elemento fundamental para os seres vivos, fazendo parte das moléculas protéicas e de outras substâncias essenciais à vida. Complexos processos biogeoquímicos transformam os compostos de enxofre, mobilizando-os sob a forma de gases ou aerossóis atmosféricos.

◆ Dióxido de enxofre

O derivado do enxofre mais comumente encontrado na atmosfera é o dióxido de enxofre (SO_2), que pode se originar de atividades naturais ou antropogênicas. Talvez as erupções vulcânicas correspondam à mais possante fonte desse gás, sendo famosas as erupções dos vulcões El Chichón (1982), no México, e Pinatubo (1991), nas Filipinas; este último lançou à atmosfera cerca de 20 milhões a 30 milhões de toneladas de dióxido de enxofre.

Outras fontes desse gás são as combustões de materiais que incluem enxofre em sua composição, como a hulha (carvão de pedra), derivados de petróleo, a biomassa vegetal etc. A hulha brasileira é particularmente rica em compostos de enxofre, principalmente sulfeto de ferro; por isso sua utilização requer um tratamento prévio para diminuir esse teor. Tecnologias mais aprimoradas também procuram eliminar o enxofre do petróleo e de seus derivados, evitando assim os danosos efeitos da liberação de gases ricos em dióxido de enxofre. Certos processos metalúrgicos, como a extração do cobre de seus minérios, também se destacam como fonte de dióxido de enxofre.

A presença de teores elevados desse óxido na atmosfera pode provocar danos aos vegetais e aos animais, incluindo o ser humano, assim como induzir, secundariamente, alterações de materiais diversos e interferir até mesmo na transparência da atmosfera, causando diminuição na visibilidade. Entre os seus efeitos nocivos estão o odor sufocante e a irritação que causa às mucosas dos olhos e do aparelho respiratório.

A história da poluição atmosférica registra alguns graves desastres ecológicos, provocados por situações específicas que conduziram a altos teores de dióxido de enxofre na atmosfera. Em 1930, no vale do Meuse, na Bélgica, uma inversão térmica (este fenômeno é abordado no capítulo 7), que durou uma semana, levou a grande concentração desse derivado do enxofre na atmosfera local, causando a morte de sessenta pessoas. Ocorrência semelhante deu-se em Donora (Pensilvânia, EUA), em 1948: uma inversão térmica determinou uma alta concentração de dióxido de enxofre sobre a região, o que acabou resultando na morte de vinte pessoas e afetando gravemente 43% dos seus 14 mil habitantes. Nos dois casos o dióxido de enxofre provinha de tratamentos de minérios de metais com elevado teor de enxofre.

◆ Sulfeto de hidrogênio

Outro derivado do enxofre que pode aparecer como integrante estranho da atmosfera é o sulfeto de hidrogênio (H_2S), composto responsável pelo cheiro desagradável dos ovos podres. Sua origem está na decomposição da matéria orgânica existente em certos tipos de solos, sedimentos de rios e lagos, pântanos e mesmo oceanos. A sua produção nesses ambientes resulta da ação de bactérias anaeróbias. As águas servidas e os efluentes de esgotos sanitários também são importantes fontes desse nauseabundo composto, que surge ainda como componente das emanações gasosas dos vulcões.

Na atmosfera, o sulfeto de hidrogênio sofre ações químicas e fotoquímicas, transformando-se em dióxido de enxofre.

◆ Mercaptanos

De certa forma aparentados com o sulfeto de hidrogênio, os mercaptanos (ou tióis) são compostos orgânicos cujas fórmulas trazem um grupo orgânico – por exemplo, metila (CH_3), etila (C_2H_5) etc. – no lugar de um dos átomos de hidrogênio do sulfeto de hidrogênio. O composto mais simples dessa classe é o metilmercaptano (CH_3SH), que, como os demais companheiros de função química, possui cheiro muito desagradável. A presença desses compostos no ar atmosférico decorre de certos processos industriais como os envolvidos na produção de celulose e papel (os arredores de grandes fábricas de papel são, em geral, malcheirosos devido à emissão desses gases), bem como do seu desprendimento das fezes dos animais, ou de gases intestinais.

Dificilmente os teores atmosféricos desses desagradáveis compostos de enxofre chegam a causar efeitos nocivos nos seres vivos, e alguns casos de intoxicação conhecidos resultaram de acidentes ocasionais. Mesmo assim cabe destacar que a sua presença no ar pode produzir irritação nos olhos e no aparelho respiratório; neste último caso, sua ação tóxica pode até trazer conseqüências letais. Um fato muito comum, decorrente da presença desses compostos, é o escurecimento de objetos de prata ou de cobre, que perdem o seu brilho ou a sua cor pela formação de uma camada muito fina de sulfeto (de cor preta).

◆ Outros compostos do enxofre

O dióxido de enxofre existente na atmosfera oxida-se lentamente, passando a trióxido de enxofre (SO_3). Como esse composto apresenta grande afinidade pela água, ele vai aos poucos se transformando em ácido sulfúrico (H_2SO_4), que, sendo líquido, assume a forma de pequenas gotas; essas partículas podem permanecer suspensas na atmosfera, gerando um tênue nevoeiro. Graças à sua grande reatividade, o ácido sulfúrico reage com outras substâncias encontradas no ar, produzindo sulfatos. Esses compostos (assim como o ácido sulfúrico) apresentam-se sob a forma de aerossóis e difundem-se na atmosfera. Análises revelaram a presença de aerossóis de sulfatos em toda a estratosfera. Na troposfera, a ação desses aerossóis ácidos se faz sentir pelos danos ao sistema respiratório (principalmente aos pulmões) e pela destruição de objetos e estruturas metálicas, diversos materiais de construção, papéis e tecidos.

Mais recentemente, outro composto do enxofre vem despertando a atenção dos cientistas atmosféricos: o sulfeto de dimetila (CH_3SCH_3). Esse gás, um dos responsáveis pelo cheiro "revigorante" do ar marinho, resulta da decomposição de um sal, contendo enxofre, produzido pelas algas para mantê-las em equilíbrio osmótico com a água do mar. Sem esse sal, as algas perderiam água e murchariam, do mesmo modo que ocorre, por exemplo, com o milho verde cozido com sal na água: ele murcha, pois a água migra das regiões com menos sal (os grãos de milho) para aquelas onde há mais sal. Especula-se, atualmente, que o sulfeto de dimetila desempenha importante papel no processo de formação de nuvens, principalmente sobre os oceanos, além de ser um componente essencial do ciclo do enxofre.

Os pouco notados derivados do nitrogênio

O gás nitrogênio destaca-se como o mais abundante componente da atmosfera seca e limpa, contribuindo com quase 80% do volume da mistura gasosa que envolve a Terra. Em seguida vem o gás oxigênio, com cerca de 20% do volume. Diversos fatores podem levar a reações entre esses dois gases, com a produção de óxidos de nitrogênio (NO_x), destacando-se, entre eles, o monóxido (NO) e o dióxido (NO_2).

◈ Monóxido de nitrogênio

É produzido naturalmente pela ação de descargas elétricas atmosféricas (relâmpagos e raios) durante tempestades, que provocam a reação dos dois gases predominantes na atmosfera. Certos microrganismos do solo, ao agirem sobre a matéria orgânica, também podem dar origem ao monóxido de nitrogênio, que passa então à atmosfera. Entretanto a maior fonte desse composto é a combustão de derivados de petróleo em motores de explosão. As altas temperaturas reinantes no interior dos cilindros desses engenhos determinam a reação do nitrogênio com o oxigênio, que lá são introduzidos juntamente com o combustível.

◆ Dióxido de nitrogênio

O dióxido de nitrogênio (NO_2) está entre os mais importantes componentes estranhos da atmosfera, sendo responsável por efeitos poluentes bastante nocivos, principalmente nas porções da atmosfera que ficam sobre os grandes centros urbanos. O impacto desse óxido sobre a química da atmosfera e suas conseqüências danosas para a vida em geral — e para a saúde humana, em particular – motivaram os especialistas a estudar minuciosamente o seu comportamento, origens e destruição.

Embora pequenas quantidades de dióxido de nitrogênio possam resultar de atividades naturais ou não, a maior parte desse composto gasoso deriva da oxidação do monóxido de nitrogênio. Vários caminhos, ou reações químicas, conduzem à transformação do monóxido em dióxido, e todos eles envolvem, direta ou indiretamente, o gás oxigênio ou sua forma alotrópica, o ozônio. Entre os caminhos químicos que levam à eliminação de NO_2 da atmosfera, há a reversão a monóxido pela ação fotoquímica da radiação solar, a sua fixação a materiais da superfície terrestre e, finalmente, a sua transformação em ácido nítrico (HNO_3), que é removido da atmosfera principalmente pela água das chuvas, contribuindo para a ocorrência de chuvas ácidas.

Dada a importância do dióxido de nitrogênio, as suas concentrações na atmosfera são bem conhecidas. Esse gás — presente no interior de veículos movidos a motor de explosão, em cozinhas, nas mais diferentes áreas de uma cidade — é irritante do sistema respiratório. Recentemente a atenção dos pesquisadores tem se voltado para os seus efeitos sobre a saúde humana. Outra notável característica do dióxido de nitrogênio atmosférico é a de servir como catalisador, acelerando a transformação — por oxidação — do dióxido de enxofre em trióxido.

A presença dos óxidos de nitrogênio e do ácido nítrico na atmosfera pode desencadear reações secundárias, e estas podem dar origem a componentes com alta capacidade de irritar as mucosas dos animais e de produzir efeitos danosos em colheitas agrícolas, principalmente nas chamadas "verduras". Além disso, eles são, juntamente com outras substâncias, agentes causadores das neblinas fotoquímicas (tema abordado no capítulo 6).

Amônia

Finalmente, entre os derivados contendo nitrogênio encontráveis na atmosfera está a amônia (NH_3), em quantidades muito pequenas. Ela provém da fermentação de materiais orgânicos e, em certas regiões rurais, de transformações provocadas por microrganismos em fertilizantes como os sais de amônio e a uréia.

Os hidrocarbonetos e suas estranhas origens

A atmosfera terrestre pode conter como componente extraordinário alguns tipos de hidrocarbonetos e derivados. Convém lembrar que os hidrocarbonetos são compostos orgânicos constituídos apenas de átomos de carbono e hidrogênio, com estruturas que variam desde as muito simples até as mais complexas. Entre os hidrocarbonetos há compostos de extrema importância para a vida e a tecnologia.

Metano

O mais simples hidrocarboneto contém em sua molécula um átomo de carbono ligado a quatro átomos de hidrogênio (CH_4) – trata-se do metano. Sabe-se há muito tempo que esse gás é produzido naturalmente nos pântanos, por fermentação da matéria orgânica dos sedimentos. Daí derivou seu antigo e popular nome: "gás dos pântanos".

Constatou-se que o metano é o segundo componente atmosférico entre os que contribuem para o chamado "efeito estufa". Como ilustrado na figura 14A, nos três últimos séculos ocorreu um aumento significativo no teor do metano atmosférico, como conseqüência do incremento das atividades agrícolas, pastoris e industriais que acompanham o crescimento da população humana. A partir da metade da década de 1980, como mostra a figura 14B, a taxa de aumento do teor de metano atmosférico diminuiu. Atualmente, calcula-se que 70% do metano introduzido na atmosfera provém de fontes ligadas a atividades humanas.

Esse gás resulta principalmente da decomposição microbiana da matéria orgânica, sob condições anaeróbias. Entre os locais que propiciam a ação de bactérias metanogênicas estão os pântanos e brejos, as lagoas pouco profundas, os aterros sanitários (depósitos de lixo urbano em que se cobrem os detritos com sucessivas camadas de terra), certos

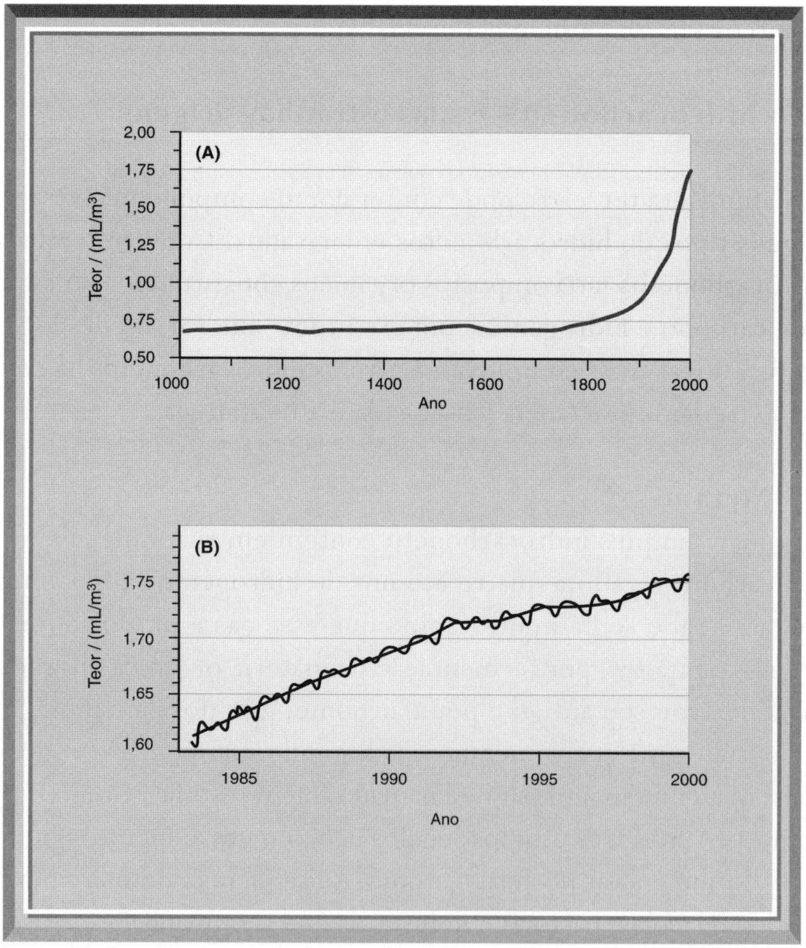

Figura 14. Teor de metano atmosférico ao longo do último milênio (A). Variação do teor de metano atmosférico de 1983 a 2000 (B). (Fonte: Painel Intergovernamental sobre Mudança do Clima, *Terceiro Relatório de Avaliação do IPCC – Mudança do Clima 2001.*)

tipos de solos saturados com água e áreas irrigadas por inundação, usadas para o plantio de arroz. Supõe-se ainda que as áreas alagadiças da região amazônica, conhecidas como "várzeas", também sejam grandes produtoras de metano.

Os gases naturais que coexistem com o petróleo em suas jazidas também são responsáveis pela presença de metano na atmosfera, pois eles podem escapar para o ar por vazamentos de poços petrolíferos, de tubulações destinadas ao transporte desses gases etc.

No caso dos aterros sanitários, a produção de metano pode consistir em um sério problema. Com o crescimento urbano, as áreas desses aterros passam, eventualmente, a ser utilizadas para a construção de conjuntos habitacionais. Há, então, a necessidade de providenciar drenos adequados para eliminar o metano produzido no subsolo pela decomposição da parte orgânica do lixo. Assim, evita-se que o gás penetre nos encanamentos – de águas pluviais ou servidas ou da rede de água – e dê origem à produção de chamas e mesmo a incêndios, que têm seu ponto de partida nas extremidades desses sistemas de serviços.

FONTES DE METANO ATMOSFÉRICO

Fontes	Quantidade liberada por ano* (em milhões de toneladas)
terras úmidas naturais	115
cultivo irrigado de arroz	110
mamíferos (principalmente ruminantes)	80
gás natural (escapamento natural e no transporte)	45
queima de biomassa	40
cupins	40
aterros sanitários	40
mineração de carvão	35
oceanos	10
águas naturais	5
desestabilização de hidratos de metano	5

*Valores estimados.

Outra fonte de metano, mais restrita, resulta da exploração de minas de carvão de pedra (hulha), nas quais é comum ocorrerem bolsões desse gás; durante o processo de mineração, o metano escapa para o interior das galerias e acaba arrastado para a atmosfera pelo sistema de ventilação. Quando a quantidade de metano nas galerias atinge teores elevados, ele pode formar com outros gases e o ar uma mistura explosiva, cuja detonação tem causado muitas mortes e enormes prejuízos. Essa mistura explosiva constitui o tristemente famoso "grisu".

Interessantes fontes desse hidrocarboneto são aquelas associadas ao metabolismo de certos animais. É o caso dos mamíferos ruminantes (gado bovino, ovino etc.), em cujo aparelho digestivo há formação de gases com alta proporção de metano. Também os cupins (insetos devoradores de celulose) produzem metano, à medida que a celulose por eles devorada é metabolizada por microrganismos anaeróbios que vivem no seu trato digestivo. Em bem menor proporção aparecem os oceanos, outra fonte desse hidrocarboneto.

Recentemente, grandes reservas de metano, estimadas em mais de 13 trilhões de toneladas, foram descobertas no fundo dos oceanos, sob a forma de hidratos (metano preso em cavidades no gelo, a altas pressões e

RICARDO AZOURY/PULSAR

Figura 15. Mamíferos ruminantes, como o gado bovino, são a terceira maior fonte de metano atmosférico.

baixas temperaturas). No momento, discutem-se alternativas técnicas para a extração desse hidrocarboneto, para fins energéticos. Pequenas quantidades de hidrato continuamente se desestabilizam, liberando metano para a atmosfera.

De todas as fontes de metano atmosférico citadas, as maiores contribuições provêm das terras úmidas naturais, das plantações de arroz irrigadas por alagamento (principalmente na Índia e na China) e do metabolismo digestivo dos ruminantes.

Com tantas fontes a fornecerem metano à atmosfera, o seu teor deveria crescer atingindo valores muito altos. Porém existem mecanismos que retiram metano da atmosfera. Sob a ação da radiação solar, esse gás reage com radicais químicos (pedaços de moléculas) existentes no ar, originando outros compostos; por exemplo, ele reage com radicais hidroxila ($^{\bullet}OH$) e transforma-se em monóxido e dióxido de carbono.

◆ Outros hidrocarbonetos

Hidrocarbonetos com moléculas maiores e estruturas mais complexas também podem ser encontrados na atmosfera. Sua presença está ligada a várias fontes:

a) evaporação de lençóis petrolíferos localizados a pouca profundidade;

b) evaporação de frações mais voláteis do petróleo em operações de perfuração de poços petrolíferos, no transporte desse material e mesmo devido ao derramamento de grandes volumes de petróleo, principalmente sobre as águas oceânicas em acidentes com navios petroleiros;

c) vazamentos de sistemas de refrigeração em que o gás refrigerante é um hidrocarboneto, opção recente em substituição a outros gases que levam à destruição da camada de ozônio ou contribuem fortemente para o efeito estufa (veja maiores detalhes no próximo capítulo);

d) escapamento de gases em motores de explosão mal regulados, nos quais a combustão da gasolina ou do óleo *diesel* não é completa.

Esta última fonte está entre os maiores poluidores da atmosfera nas áreas urbanas. As altas temperaturas reinantes no interior dos cilindros dos motores de explosão provocam não só a formação de óxidos de nitrogênio como também o rompimento e a recombinação das moléculas dos combustíveis derivados do petróleo. Isso leva à atmosfera compostos dos mais variados tipos, pertencentes tanto à classe dos hidrocarbonetos quanto a outras classes de compostos orgânicos. Não raro esses verdadeiros derivados de hidrocarbonetos encontrados na gasolina e no óleo *diesel* tornam-se responsáveis por ações prejudiciais ao ambiente e à vida.

Entre eles estão compostos da classe do benzo-α-pireno, de reconhecida ação cancerígena. Uma vez na atmosfera e sob a ação fotoquímica da luz do Sol, alguns derivados de hidrocarbonetos podem reagir com óxidos de nitrogênio, resultando em compostos do tipo "nitratos de peracilo". Esses compostos foram observados, pela primeira vez, na atmosfera de Los Angeles, nos Estados Unidos, em ocasiões de grande poluição atmosférica, sendo identificados como responsáveis por irritação das mucosas dos animais e destruição de vegetação.

À medida que os motores de explosão queimam hidrocarbonetos com maior número de átomos de carbono (caso dos motores a óleo *diesel*), os produtos de escapamento de gases podem se apresentar muito ricos em carbono não-queimado; isso ocasiona o aparecimento de fumaças negras, que são particuladas e se depositam como fuligem.

Dióxido e monóxido de carbono

Não mais na classe dos hidrocarbonetos, mas intimamente ligados aos motores de explosão dos veículos, estão os óxidos do carbono, que também têm ação poluidora. O mais comum – o dióxido de carbono – já foi examinado no capítulo 3 e voltará a ser considerado na abordagem do chamado "efeito estufa". O outro é o monóxido de carbono (CO), que aparece como componente dos gases do escapamento dos motores de explosão mal regulados ou que funcionam em condições especiais, sob as quais recebem quantidade insuficiente de oxigênio.

Componente estranho à composição do ar atmosférico, o monóxido de carbono pode acarretar graves danos à saúde humana. Para entendermos sua ação, convém relembrar o mecanismo bioquímico da respiração. Na fase de inspiração, o ar penetra nos pulmões e o oxigênio entra em contato com o sangue, nos alvéolos pulmonares, dissolvendo-se nesse fluido orgânico e combinando-se com a hemoglobina, que se transforma em oxi-hemoglobina. Esse composto, existente nos chamados "glóbulos vermelhos" ou "hemácias", transporta o oxigênio aos tecidos e células do organismo e, por meio de complexos mecanismos bioquímicos, faz com que ele seja utilizado nos processos vitais. Como resultado, forma-se dióxido de carbono que – no nível das células e tecidos – se dissolve no sangue e se combina com a hemoglobina, produzindo a carbo-hemoglobina. Esta transporta o dióxido de carbono até os pulmões, onde ele é liberado deixando a hemoglobina livre para receber nova carga de oxigênio. Resumindo: a hemoglobina é um transportador do oxigênio do ar para os tecidos e do gás carbônico dos tecidos para o ar. A figura 16 permite a visualização gráfica desse processo.

Caso o ar contenha monóxido de carbono, este entrará no ciclo bioquímico da respiração, formando com a hemoglobina um composto

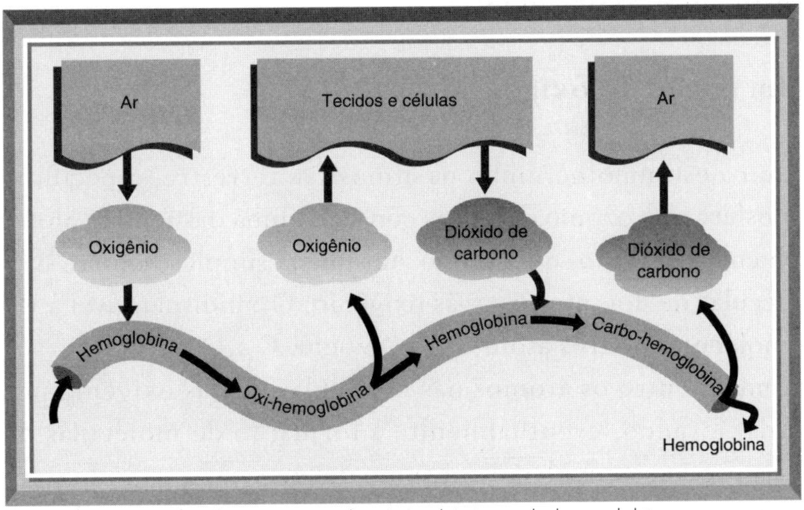

Figura 16. Transporte do oxigênio e do gás carbônico pela hemoglobina.

irreversível – a carboxi-hemoglobina. O caráter irreversível advém do fato de que a carboxi-hemoglobina não se decompõe, e, por isso, o sangue perde progressivamente a capacidade de transportar oxigênio e dióxido de carbono. A persistência do monóxido de carbono no ar inspirado acarreta como conseqüência a perda progressiva de oxigenação dos tecidos e células (a começar pelos tecidos nervosos), até a degeneração e morte dessas estruturas vitais. O resultado é a perda de consciência e, em seguida, a morte.

Aldeídos: poluentes provindos de motores a álcool

Com o advento dos motores de explosão a álcool hidratado comum – conhecido quimicamente como "etanol" (CH_3CH_2OH) – e com a prática de se adicionar esse álcool anidro à gasolina para melhorar seu desempenho, alguns compostos da classe dos aldeídos passaram a ser introduzidos no ar atmosférico. O aldeído mais comum nos gases de escapamento de motores a álcool é o etanal ou acetaldeído (CH_3CH_2O); pode-se detectar o seu odor característico nos carros com motores a álcool, principalmente no momento da partida. Os aldeídos são responsáveis por irritação nas mucosas, principalmente na dos olhos.

Um irmão do oxigênio: o ozônio

Outro estranho no ninho na atmosfera terrestre, especificamente na troposfera, é o ozônio. Esse gás consiste numa das formas alotrópicas do elemento oxigênio, que, como substância simples, ocorre na forma de moléculas de dois átomos (gás oxigênio, O_2, indispensável à vida) ou na de moléculas de três átomos (gás ozônio, O_3).

A união entre os átomos nas moléculas do gás oxigênio pode ser quebrada, levando, eventualmente, à formação de moléculas de ozônio. Esse processo envolve o consumo de energia, que pode ser fornecida por um tipo específico da radiação solar: a radiação ultravioleta.

Os átomos isolados de oxigênio resultantes da absorção de radiação ultravioleta por moléculas de oxigênio podem, independentemente, se ligar a outras moléculas de oxigênio, originando duas moléculas de ozônio.

A quantidade de ozônio na atmosfera terrestre é pequena e variável com a altitude; ele apresenta maiores teores na estratosfera, especialmente nas altitudes entre 20 e 50 quilômetros. Se todo o ozônio existente na atmosfera fosse juntado, comporia apenas uma camada de 3 milímetros de espessura em torno da Terra, a uma pressão de 1 mil hectopascals e temperatura de 0 grau Celsius. Na estratosfera, do mesmo modo que o ozônio é formado a partir do oxigênio molecular por meio da ação de radiação ultravioleta, ele também é destruído por essa mesma radiação, quando é decomposto em uma molécula do gás oxigênio e um átomo isolado de oxigênio. O ciclo do ozônio que ocorre na estratosfera tem um papel importante para a vida na Terra: a absorção da radiação ultravioleta, que é parte da radiação solar que chega ao nosso planeta. Daí a importância de não se perturbar esse ciclo.

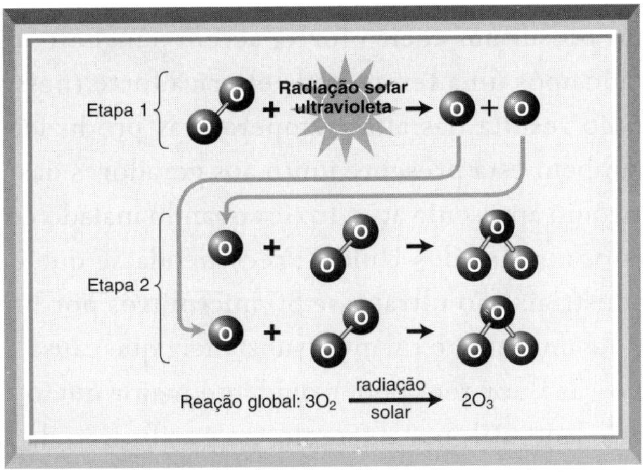

Figura 17. Produção de ozônio na estratosfera. Primeira etapa — Radiação solar ultravioleta causa a ruptura de uma molécula de oxigênio, originando dois átomos separados. Segunda etapa — Esses átomos sofrem então colisão reacional com outras moléculas de oxigênio para formar duas moléculas de ozônio. No processo global, três moléculas de oxigênio reagem para formar duas moléculas de ozônio.

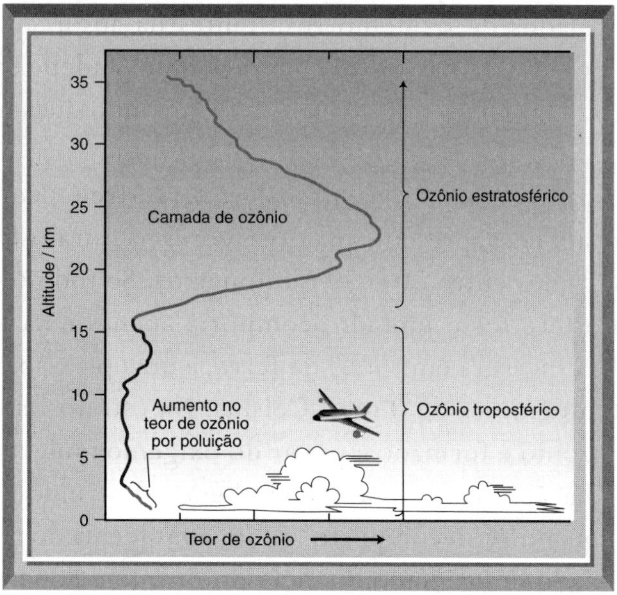

Figura 18. Perfil do teor de ozônio em função da altitude na atmosfera. A maior parte do ozônio concentra-se em uma região estratosférica conhecida como "camada de ozônio". Aumentos na quantidade de ozônio perto da superfície decorrem de poluição gerada por atividades humanas.

O ozônio possui um cheiro forte, acre e pungente, que, às vezes, pode ser notado após uma tempestade elétrica forte (nesse caso, a presença de ozônio resulta das altas temperaturas produzidas por raios); esse cheiro também está presente junto aos geradores das usinas hidroelétricas. O ozônio apresenta ação tóxica quando inalado em certa quantidade. Por isso, nos Estados Unidos, recomenda-se que o seu teor em ambientes industriais não ultrapasse 80 microlitros por litro de ar.

O ozônio é um forte oxidante (substância que causa a oxidação de outras), e só o gás flúor tem poder oxidante maior que o dele. Trata-se de uma propriedade útil, por exemplo, na purificação de água e na desodorização de águas e do ar. Entretanto essa mesma propriedade faz com que a presença de ozônio na troposfera, em contato com seres vivos e materiais diversos, seja danosa. O ozônio troposférico forma-se, principalmente, por reação fotoquímica envolvendo o gás dióxido de

CICLO DO OZÔNIO

formação:	$O_2(g) + h\nu(UVC) \rightarrow 2O(g)$ $2O(g) + 2O_2(g) \rightarrow 2O_3(g)$
destruição:	$O_3(g) + h\nu(UVB) \rightarrow O(g) + O_2(g)$

Obs.: UVC refere-se à radiação ultravioleta de maior energia, de comprimento de onda menor que 280 nm; UVB refere-se à radiação ultravioleta de energia intermediária, de comprimento de onda na faixa de 280 nm a 320 nm. Existe ainda radiação ultravioleta na faixa de 320 nm a 400 nm, considerada de baixa energia e conhecida como UVA.

nitrogênio proveniente de monóxido de nitrogênio contido nos gases de escapamento de motores a combustão. Em grandes centros urbanos, como São Paulo e Rio de Janeiro, o ozônio pode aparecer entre os poluentes atmosféricos, destacando-se como um dos principais componentes da fumaça-neblina. No ser humano e em muitos outros animais, a presença do ozônio no ar causa irritação nas mucosas, sendo responsável pelo aumento da incidência de catarata em habitantes de grandes centros urbanos. Nas folhas de plantas, os danos decorrem da oxidação dos aminoácidos dos seus tecidos vivos. Traços de ozônio também aceleram a degradação da borracha, o que constitui uma ameaça à durabilidade de pneus automotivos. É provável que, no passado, uma fração dos acidentes automobilísticos que envolveu explosões de pneus tenha decorrido da ação do ozônio. Atualmente os fabricantes de pneus adicionam à borracha substâncias que reagem com o ozônio, impedindo-o de deteriorá-la.

O ar e o homem: uma ligação perigosa

Geralmente o homem considera o seu planeta algo muito estável e não presta atenção às mudanças que nele ocorrem. Essa idéia estende-se do planeta – terra firme – à sua atmosfera. De fato, as grandes alterações da atmosfera processaram-se muito lentamente, e a história dessas alterações antecede o surgimento da espécie humana no planeta. Mas existem registros geológicos que apontam e comprovam mudanças radicais.

Hoje as mudanças são mais sutis, e as pessoas só se apercebem delas quando sentem seus efeitos nocivos no organismo. Os processos tecnológicos da civilização moderna geram grandes quantidades de resíduos gasosos, que acabam lançadas, ou escapam, para a atmosfera. Os sistemas de transporte representam um item importante para a economia das nações. É necessário movimentar produtos agrícolas, manufaturados industriais, e as populações precisam deslocar-se de um ponto a outro. Nesse contexto, veículos movidos a motores de explosão são produzidos num ritmo cada vez mais acelerado (só nos Estados Unidos são mais de 15 milhões por ano), e, infelizmente, melhoramentos fundamentais que resultem na emissão de gases residuais menos nocivos e em menor quantidade não têm sido introduzidos. Somando-se a isso, no Brasil, as distribuidoras de petróleo nem sempre oferecem ao mercado consumidor produtos – como gasolina, óleo *diesel* e outros – de boa qualidade. O consumo exagerado e a falta de um controle de qualidade efetivo talvez sejam os grandes responsáveis por essa baixa qualidade e alta capacidade poluidora.

Uma mentalidade mais avançada, voltada para a preservação ambiental, tem gerado normas e leis restritivas às emissões de gases e materiais poluidores no meio ambiente. Mas só a lei não basta; é preciso desenvolver a consciência de que a atmosfera é um bem comum e que ninguém tem o direito de alterar a sua qualidade. O próprio desenvolvimento tecnológico, bem como uma maior conscientização, poderá influir no sentido de reduzir a emissão de materiais nocivos. Prova disso são os catalisadores acoplados ao escapamento de veículos automotores, exigidos desde 1992, que muito contribuem para a diminuição da emissão de gases nocivos.

6. As grandes alterações da atmosfera

A introdução na atmosfera de poluentes resultantes de atividades humanas e naturais leva a alterações prejudiciais à vida. Entre elas, destacam-se o aumento do efeito estufa, a destruição da camada de ozônio, nevoeiros e a chuva ácida. O aumento do efeito estufa vem causando várias mudanças climáticas, com conseqüências dramáticas para o meio ambiente.

Quando o meio ambiente sofre alterações que podem causar prejuízo aos seres vivos, considera-se que ele está poluído. A poluição associa-se, portanto, à idéia de uma modificação — estrutural ou de composição – que conduz a uma ação nociva à biota terrestre. A atmosfera não escapa ao perigo de sofrer alterações capazes de originar situações prejudiciais aos animais e plantas do planeta, inclusive ao próprio homem.

Muitas vezes não percebemos a presença de componentes estranhos na atmosfera, principalmente se eles estiverem em dosagens pequenas ou restritos a áreas reduzidas. Mas o aumento de suas concentrações tende a modificar profundamente as funções da atmosfera, gerando conseqüências inesperadas e despertando a humanidade para alguns sérios problemas de poluição atmosférica.

Trágicos nevoeiros

Nevoeiros e neblinas resultam da condensação do vapor d'água atmosférico sob a forma de gotículas de água que ficam suspensas na atmosfera, geralmente junto à superfície do solo. Há, porém, alguns tipos de nevoeiro provocados por componentes estranhos na atmosfera e que constituem uma das conseqüências altamente prejudiciais da poluição do ar.

A cidade de Londres já foi famosa pelos intensos nevoeiros, que chegavam a bloquear o trânsito urbano e a obrigar o uso de iluminação artificial em pleno dia. Tal fenômeno explica-se por vários fatores, entre eles o sistema de aquecimento de ambientes por meio de estufas e outros dispositivos que queimavam a chamada "hulha gorda". Esse tipo de hulha apresenta elevadas porcentagens de compostos orgânicos, principalmente hidrocarbonetos, que eram lançados na atmosfera londrina, originando uma espessa neblina. Tratava-se do célebre *fog* londrino.

Encarado durante muito tempo como uma curiosidade turística, o nevoeiro londrino assumiu tal intensidade que, em dezembro de 1952 (quando persistiu por cerca de uma semana), segundo dados oficiais, causou a morte de cerca de 4 mil pessoas, além de provocar perturbações no aparelho respiratório de um grande número de indivíduos. Recentemente, esse número tem sido questionado, apontando-se que o número de mortos teria sido, na realidade, três vezes maior. Essa enorme tragédia serviu como um alerta sobre a natureza do nevoeiro londrino, dando início a uma série de pesquisas sobre a sua origem e formas de evitá-lo. Como resultado, a capital londrina acabou perdendo o seu famoso nevoeiro e voltou a ser a cidade ensolarada com a qual os londrinos sonhavam.

Em 1942, em Los Angeles, ocorreu a formação de um estranho nevoeiro que acarretou sérios prejuízos à saúde dos habitantes da região e matou grande parte da vegetação de jardins, parques e hortas. Devido à sua intensidade e conseqüências, o fenômeno despertou a atenção das autoridades e pesquisadores, que passaram a buscar suas origens, a identificação dos seus componentes, os mecanismos de sua formação e as providências para evitar a repetição do fenômeno.

Verificou-se, então, que não se tratava de uma simples fumaça formada por partículas sólidas oriundas de incineradores e processos industriais, mas de algo mais complexo, com algumas semelhanças com o nevoeiro londrino. Para designá-lo, foi criado o neologismo inglês *smog*, que resulta da fusão das palavras *smoke* ("fumaça") e *fog* ("neblina"). Embora já se tenha tentado passar essa denominação para o português, tornou-se corrente o uso da composição com as duas palavras: neblina-fumaça ou fumaça-neblina.

Depois dos estudos desencadeados pelo incidente de Los Angeles, constatou-se a presença dessa estranha neblina em quase todos os centros urbanos que se caracterizam por grandes concentrações de veículos motorizados em movimento e de áreas industriais próximas ao perímetro da cidade – são exemplos São Paulo, Tóquio, Cidade do México, São Francisco, Santiago do Chile, Nova York etc. Análises e observações da atmosfera sobrejacente a tais centros urbanos, durante a ocorrência de fumaça-neblina, levaram à conclusão de que essa atmosfera é, na realidade, um reator químico, com enorme número de substâncias gasosas, sólidas e líquidas, interagindo e sofrendo a ação fotoquímica da luz solar. A situação agrava-se no inverno, quando ocorrem inversões térmicas (tema abordado no próximo capítulo): esse fenômeno cria uma verdadeira massa de ar fechada, que impede a difusão de substâncias e materiais para regiões mais altas da atmosfera, provocando o aumento das suas concentrações.

Óxidos de nitrogênio e de enxofre, hidrocarbonetos, aldeídos, ozônio e nitrato de peracilo somam-se a aerossóis resultantes da presença de sulfatos, partículas carbonáceas e poeiras diversas. Então, na superfície dessas partículas, reações provocadas pela luz solar e catalisadas (aceleradas) pelos óxidos de nitrogênio produzem novas substâncias, aumentando a complexidade da composição das fumaças-neblinas.

Ao envolver os centros urbanos, essa neblina ou fumaça química diminui a visibilidade, causa sérios problemas de irritação na mucosa dos olhos, garganta, brônquios e pulmões e prejudica (ou mesmo destrói) a vegetação da área. Em 1970, em Tóquio, então a maior cidade no planeta, o fenômeno persistiu por cinco dias e levou mais de 8 mil pessoas aos hospitais e postos de pronto-socorro. Na realidade, nessa época, fumaça-neblina e Tóquio eram quase sinônimos, pois o fenômeno atormentava os seus habitantes tanto no inverno como no verão. Graças a um esforço concentrado, que incluiu as primeiras medidas em todo o mundo para que conversores catalíticos (veja explicação adiante) fossem adotados nos escapamentos de automóveis, atualmente o ar sobre Tóquio já tem uma qualidade melhor.

Numerosas providências vêm sendo tomadas para evitar ou minimizar a produção da fumaça-neblina. É evidente que não se pode evitar a presença do Sol e sua radiação ultravioleta ou as inversões térmicas. Porém, nos dias em que tais condições são propícias para a formação de névoa tóxica, há certas medidas de emergência que podem ser tomadas. Como a principal origem dos componentes essenciais ao fenômeno está nos gases de escapamento dos motores de explosão, a providência fundamental consiste em restringir a presença e circulação dos veículos motorizados nas áreas urbanas.

PRODUÇÃO APROXIMADA DE GASES POLUENTES POR UM AUTOMÓVEL

Gases	Produção (em quilogramas por ano)
óxidos de enxofre	7,7
óxidos de nitrogênio	22,7
aldeídos	8,2
hidrocarbonetos	136
monóxido de carbono	1.450

As medidas de alcance mais amplo compreendem o controle das emissões de gases pelas indústrias suburbanas e, quanto aos veículos automotores, a adoção de combustíveis menos poluentes, a exigência de melhor regulagem dos motores de explosão e o uso, nos canos de escapamento dos gases resultantes da queima do combustível, de dispositivos que obriguem esse material a passar por catalisadores especialmente destinados à destruição das substâncias poluentes mais nocivas. Tais conversores catalíticos promovem a mistura dos gases residuais com um excesso de ar (oxigênio), provocando reações químicas que transformam hidrocarbonetos e monóxido de carbono em vapor d'água e dióxido de carbono, respectivamente, e ainda reduzem a emissão de óxidos de nitrogênio, que são transformados na substância simples nitrogênio (N_2).

Outro tipo de nevoeiro, menos prejudicial que os já vistos, é a chamada "névoa seca". No sul da América do Sul, incluindo a parte sul do Brasil, sobre o Oceano Atlântico e mesmo em certas regiões da África, nos meses de inverno (notadamente agosto), a atmosfera fica com um espesso nevoeiro que não contém aerossóis líquidos. Esse fenômeno, cuja natureza físico-química ainda não está perfeitamente estudada, diminui muito as visibilidades horizontal e vertical, limitando-as a poucas centenas de metros. Essa perda de visibilidade pode trazer problemas à aviação civil, em especial para vôos em aeronaves desprovidas de equipamento mais sofisticado de navegação aérea. Nos casos chamados de "navegação por referência visual", os pilotos podem perder de vista pontos importantes da superfície sobrevoada, desviando-se das rotas traçadas. Como a névoa seca coincide com a época da queimada de pastagens e campos, supõe-se que ela provenha da presença de aerossóis formados nesse processo de combustão de biomassa, na Região Sul do Brasil. Com a chegada das chuvas de setembro, a névoa seca desaparece, o céu readquire o tom azul e a visibilidade normaliza-se.

Um tipo especial de chuva: a chuva ácida

As chuvas normais dissolvem o dióxido de carbono existente na atmosfera, estabelecendo um equilíbrio químico entre o gás carbônico (CO_2), a água (H_2O) e o ácido carbônico (H_2CO_3). Como o próprio nome indica, o último composto faz com que a água das chuvas seja normalmente ácida, o que é indicado pelo seu índice pH igual a 5,6.

Entretanto a presença de componentes estranhos na atmosfera (principalmente óxidos de nitrogênio e de enxofre) pode ocasionar a dissolução desses compostos nas águas pluviais, que passarão a conter quantidades por vezes acentuadas de ácido nítrico (HNO_3) e ácido sulfúrico (H_2SO_4). Essa presença leva o pH das águas pluviais a valores muito baixos, caracterizando mais um aspecto nocivo da poluição atmosférica: as chuvas ácidas.

Para fins de comparação, o estudo da acidez das chuvas antes da era industrial baseia-se na análise de amostras de neve e gelo retiradas em perfurações controladas em geleiras e neves das regiões polares. Nesses casos, os valores de pH oscilam entre 6,0 e 7,6, estando na faixa da neutralidade. Com o advento da era industrial e o crescimento dos meios de transporte baseados em veículos com motores de explosão, as mudanças nas condições da química atmosférica resultaram nas chuvas ácidas. Para que a chuva seja considerada ácida e, portanto, prejudicial ao ambiente, o valor do seu pH deve ser inferior a 5,6.

Às vezes a precipitação de chuvas ácidas ocorre em regiões muito distantes daquelas que deram origem aos compostos químicos que, expelidos para a atmosfera, geraram os ácidos responsáveis pelo fenômeno. Assim as chuvas ácidas sobre o sudoeste da Suécia e da Noruega devem-se a emissões de gases na Inglaterra e, até mesmo, no vale do Rio Reno, na Alemanha. A partir da década de 1960, a acidez de lagos e rios desses países escandinavos atingiu valores extremamente altos, prejudicando, assim, a procriação de salmões e trutas. Segundo relatórios de pesquisadores, no período de 1966 a 1976 a acidez de sete rios do sul da Noruega aumentou por um fator de 28; já um levantamento de 5 mil lagos mostrou que a população de trutas sofreu uma diminuição de 22%, em lagos de baixas altitudes, e de 68%, nos de maiores altitudes.

Os mesmos efeitos nocivos vêm ocorrendo em outros países, por exemplo, no Canadá, em decorrência das geradoras termoelétricas norte-americanas, principalmente as instaladas no nordeste e centro-oeste dos Estados Unidos. Também já há indícios de efeitos semelhantes no Brasil. No início da década de 1990 os habitantes do município de Melo, no Uruguai, apresentaram queixas ao governo brasileiro sobre a ocorrência de chuvas ácidas na região. A acidez foi atribuída aos gases emitidos pelas chaminés da Usina Termoelétrica de Candiota, localizada no município gaúcho de Bagé, a 60 quilômetros da cidade de Melo. As florestas e, em geral, a vegetação que cobre a superfície da Terra, assim como os animais, em especial a população humana (principalmente as crianças e os idosos), todos sofrem os efeitos danosos dessas chuvas com acidez anormal.

As chuvas ácidas lavam as folhas dos vegetais e promovem a dissolução de nutrientes, ocasionando o enfraquecimento do vegetal. Ao se precipitarem, essas chuvas depositam ácidos no solo, os quais acabam provocando a solubilização e a perda de nutrientes do solo, tornando-o mais pobre e improdutivo. Outra característica prejudicial dos ácidos das águas pluviais refere-se à sua ação sobre minerais existentes no solo, que contêm em sua composição o alumínio, sob a forma de silicatos. Os ácidos liberam esse metal, que passa para a forma iônica (Al^{3+}), sendo incorporado ao solo arável, isto é, àquele explorado pelas raízes das plantas. O efeito tóxico desse cátion (íon positivo) para grande parte das plantas é bem conhecido dos agrônomos e dos cientistas do solo.

Para se ter uma idéia da intensidade que a acidificação das águas da chuva pode atingir, basta citar que no ano de 1974 uma tempestade na Escócia apresentou chuvas com um pH da ordem de 2,4, ou seja, igual ao do vinagre.

Não menos danosa é a ação das chuvas ácidas sobre as estruturas ou construções feitas com calcário, cimento, mármore, metais etc. Já foram relatados no capítulo 3 os efeitos nocivos da água em equilíbrio com dióxido de carbono, devido ao seu caráter levemente ácido. Diante disso, é fácil imaginar a ação corrosiva das águas de chuva com acidez muito mais acentuada graças, principalmente, à presença dos ácidos nítrico e sulfúrico. Alguns monumentos históricos da humanidade têm

CID

Figura 19. Acrópole, monumento clássico da civilização grega, que vem sendo atacado pelas chuvas ácidas.

sido prejudicados por essa ação química, como o conjunto da Acrópole, na região de Atenas, na Grécia.

O combate às chuvas ácidas deve começar pela diminuição da emissão de óxidos de nitrogênio e de enxofre para a atmosfera. Já foi visto que essa redução pode ser obtida com o uso de tecnologias mais avançadas nos motores de explosão dos veículos, a diminuição das queimadas de biomassa e o uso de combustíveis mais limpos (isto é, com menores teores de enxofre). Por sua vez, a correção dos solos e das águas de lagos pode ser feita por meio de substâncias que neutralizem os ácidos em excesso (nesse caso, aplicam-se, principalmente, calcários em pó).

Um aquecimento anômalo: o efeito estufa

No linguajar comum, "estufa" designa um equipamento industrial ou de laboratório que permite obter ambientes com temperaturas mais elevadas que as reinantes no seu exterior. Para os agricultores, o termo indica uma construção destinada a proteger as plantas da ação prejudicial das chuvas, ventos e baixas temperaturas. Originadas nos países de inverno muito rigoroso, as estufas constituem uma estrutura fechada por amplos painéis de vidro e dotada de sistemas adequados de ventilação.

É muito simples o princípio físico utilizado para manter o interior dessas estufas (*greenhouse*, em inglês) com uma temperatura adequada para a sobrevivência das plantas e bem acima da exterior. A radiação solar, vinda do exterior, atravessa os vidros e aquece o ambiente (plantas, solo, equipamentos). Esse material irradia o calor retido como radiação infravermelha, que não pode escapar do interior da estufa porque os painéis de vidro são, por sua natureza físico-química, não transparentes a essa freqüência de radiação. Assim o calor fica retido no interior da estufa, propiciando um ambiente adequado às plantas. Resumindo: o vidro é transparente à luz solar mas não o é para a radiação infravermelha irradiada pelos objetos aquecidos. Dessa forma, o sistema opera como uma verdadeira armadilha para o calor.

A atmosfera da Terra funciona normalmente como uma grande cobertura com características semelhantes, embora por razões distintas. Conforme citado no capítulo 1, sem esse efeito, a temperatura média do nosso planeta seria muito mais baixa.

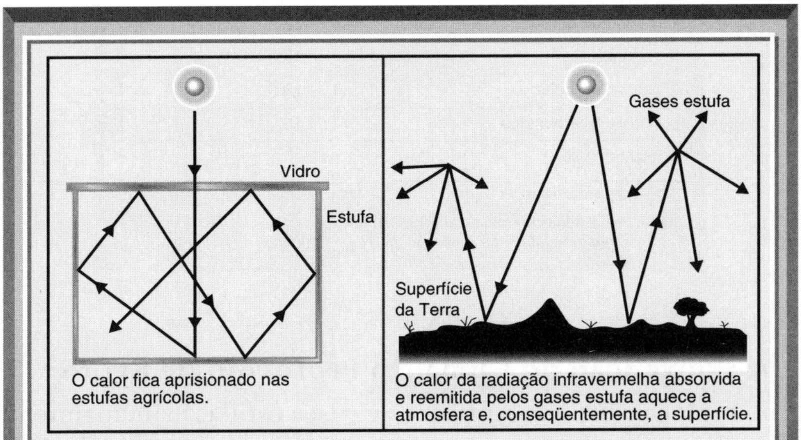

Figura 20. Efeito estufa.

Já vimos que a ação de agentes naturais e o desenvolvimento industrial e tecnológico da humanidade têm provocado grandes alterações na composição da atmosfera. O teor de gás carbônico continua crescendo sistematicamente, e muitos outros gases são introduzidos na nossa capa gasosa. Muitos desses gases, por sua natureza físico-química, funcionam como causadores do efeito estufa: mostram-se transparentes às radiações solares de ondas curtas (altas freqüências), mas absorvem uma fração significativa da radiação de ondas longas (infravermelha) emitida pela superfície do planeta. Esses gases, por sua vez, também passam a irradiar no infravermelho, em todas as direções; conseqüentemente grande parte dessas radiações não escapa para o espaço e provoca o aquecimento da atmosfera. Isso é o efeito estufa.

Os maiores responsáveis por esse efeito são o dióxido de carbono, o metano, o ozônio troposférico, os derivados clorofluorados de hidrocarbonetos, conhecidos como "clorofluorcarbonetos" (CFC), e o óxido nitroso, conforme mostrado na tabela abaixo.

CONTRIBUIÇÃO DE DIFERENTES GASES PARA O EFEITO ESTUFA

Gases estufa	Contribuição relativa* (em porcentagem)
dióxido de carbono	53
metano	17
ozônio troposférico	13
clorofluorcarbonetos	12
óxido nitroso	5

* Valores estimados.

Fonte: Painel Intergovernamental sobre Mudança do Clima, *Terceiro Relatório de Avaliação do IPCC – Mudança do Clima 2001.*

◆ A Convenção do Clima e o Protocolo de Kyoto

Para tentar reduzir as emissões de gases estufa, principalmente pela queima de combustíveis fósseis, os governos de vários países adotaram, em 1992, durante a Rio-92, a Convenção-Quadro das Nações Unidas para a Mudança Climática (ou Convenção do Clima, como é conhecida). O objetivo dessa Convenção é estabilizar as emissões de gases estufa na atmosfera em um nível que previna interferências antrópicas perigosas no sistema climático. Deve-se levar em consideração que mais de 90% da energia consumida no mundo é proveniente da queima de combustíveis fósseis. Dessa forma, reduzir as emissões de gases estufa significa reduzir a queima de petróleo, carvão e gás natural, o que implica reduzir o consumo de energia. O impacto da redução no consumo de energia na economia dos países é muito grande, ou seja, a prevenção da mudança climática tem um custo muito alto para a maioria dos países.

A Convenção do Clima não estabeleceu metas quantificadas de redução de emissões para os países, isto é, não definiu a quantidade de CO_2 que cada país deveria deixar de emitir. Por isso os países continuaram a manter seus altos níveis de emissões fósseis, e a Convenção do Clima não gerou os resultados almejados. Conseqüentemente, os países signatários da Convenção do Clima resolveram criar um mecanismo que impusesse metas quantificadas de redução de emissões. Isso foi feito em 1997, com a assinatura do Protocolo de Kyoto à Convenção do Clima. Segundo esse Protocolo, os países industrializados reduziriam suas emissões de gases estufa em pelo menos 5% em relação aos níveis de 1990 até o período de 2008 a 2012. O Protocolo de Kyoto e a Convenção do Clima concedem tratamento diferenciado aos países desenvolvidos e em desenvolvimento, porque partem do princípio de que os países desenvolvidos têm uma responsabilidade maior na mudança climática, devido, em parte, às emissões "históricas", pois esses países se industrializaram antes (há mais ou menos um século); além disso os países ricos são responsáveis pela grande maioria das emissões fósseis na atualidade. Então, somente os países ricos têm o compromisso de reduzir emissões.

O Protocolo de Kyoto foi aberto para assinatura em 16 de março de 1998, e entrará em vigor noventa dias após sua ratificação por pelo menos 55 países, incluindo os países desenvolvidos que contabilizaram pelo menos 55% das emissões globais de CO_2 em 1990. O Protocolo ainda não entrou em vigor porque os Estados Unidos se recusam a ratificá-lo, alegando que os prejuízos econômicos de sua implementação seriam muito grandes. Como esse país é o maior emissor de CO_2 para a atmosfera, a sua recusa em assinar o Protocolo de Kyoto pode impedir que ele entre em vigor e que a Convenção do Clima alcance seus objetivos.

Um dos aspectos interessantes do Protocolo de Kyoto é que ele estabelece um mercado de emissões, por meio dos chamados "mecanismos de mercado". Basicamente esses mecanismos consistem no seguinte: se um país consegue uma redução de suas emissões de CO_2 maior do que a prevista pelo Protocolo, esse país pode "vender" o direito de emitir CO_2 para um outro país que queira comprá-lo. Isso também possibilita que os países em desenvolvimento, como o Brasil, que não possuem metas de redução de emissões, possam realizar ações para reduzir o efeito estufa.

◆ Mudanças climáticas

Sabe-se que o clima da Terra pode variar, alterando-se de ano a ano ou em períodos maiores, de até milhares de anos. No passado foram assinalados os chamados "períodos glaciais", caracterizados por resfriamentos acentuados. Medições sistemáticas da temperatura do ar mostram a ocorrência de anos excepcionalmente frios ou quentes. Hoje, corre-se o perigo de que o aumento dos teores dos gases estufa produza uma elevação anômala da temperatura da atmosfera e, conseqüentemente, do próprio planeta. Isso acarretaria mudanças climáticas capazes de:

a) modificar a distribuição da flora e da fauna na superfície terrestre;

b) alterar o perfil dos continentes por elevação do nível dos oceanos (não só por expansão térmica de suas águas, como também pela fusão das espessas camadas de gelo das regiões polares e das geleiras);

c) destruir, por alagamento, centros urbanos localizados à beira-mar etc.

As alterações climáticas, entretanto, são muito complexas e dependem de grande número de variáveis. Além de a interação entre a atmosfera e a superfície terrestre (coberta por rocha, terra, gelo ou água) não estar totalmente entendida, há todo um processo de balanço energético e material a considerar. Tudo isso dificulta a previsão de conseqüências do efeito estufa. Algumas estimativas – na verdade, hipóteses – não levam em conta tal complexidade. De qualquer modo, estima-se que, por volta do ano 2030, o efeito estufa sobre o clima corresponderá ao resultado de uma duplicação do teor de dióxido de carbono na atmosfera. Como conseqüência, a elevação da temperatura média global da atmosfera atingirá valores entre 1,5 e 5,5 graus Celsius, o que provocará a elevação do nível dos oceanos entre 20 e 165 centímetros. Essas previsões, um pouco tenebrosas, deixam de lado os outros inúmeros fatores que se alterarão, nesse caso, e que poderão atenuar ou mesmo acentuar esses efeitos.

O depauperamento da camada de ozônio

◆ Ozônio e radiação ultravioleta

O ciclo de formação e destruição do ozônio estratosférico por radiação ultravioleta dos tipos UVC e UVB desempenha um papel importante em favor da vida, pois diminui a quantidade da radiação ultravioleta de maior energia que chega à superfície do planeta. A exposição à radiação ultravioleta tem vantagens e desvantagens para os seres vivos. Por exemplo, a síntese da vitamina D na pele de animais vertebrados, incluindo os seres humanos, só ocorre na presença de radiação UVB. Por outro lado, a radiação ultravioleta, que bronzeia, seca e envelhece a pele (para bronzeamento de pele, o ideal seria exposição somente à radiação UVA, de menor energia), é prejudicial aos animais e plantas principalmente porque pode danificar o ácido desoxirribonucléico (DNA). Essa molécula contém as informações genéticas necessárias para a reprodução e manutenção saudável dos seres vivos. Danos ao DNA, causados por exposição excessiva à radiação ultravioleta, aumentam a probabilidade de ocorrer uma mutação indesejável durante a reprodução celular, levando eventualmente a um crescimento tumoroso (por exemplo, no ser humano, um câncer de pele). Assim, qualquer diminuição na quantidade de ozônio estratosférico é, a princípio, indesejável, pois induz um aumento da quantidade das radiações UVB e UVC, tipos de radiação que constituem a causa principal de cânceres comuns de pele em seres humanos. Acredita-se que a radiação ultravioleta também influa no surgimento do melanoma (câncer de pele mais grave), porém nesse caso as evidências são menos claras. Já as conseqüências do aumento da exposição de plantas e vida marinha à radiação ultravioleta continuam uma incógnita, pois começaram a ser pesquisadas recentemente.

Uma diminuição significativa do teor de ozônio estratosférico causará um aumento na quantidade de radiação ultravioleta que chega à superfície da Terra. Segundo estimativas do Programa de Meio Ambiente das Nações Unidas, cada 1% de redução no teor de ozônio será acompanhado de um acréscimo de 1,3% na quantidade de radiação ultravioleta que atinge a troposfera, causando aumento dos cânceres de pele. No início da década de 1990, pesquisadores americanos concluíram que a diminuição paulatina na quantidade de ozônio estratosférico estava contribuindo para a redução da população de anfíbios (rãs, sapos e salamandras), pois o aumento da radiação ultravioleta matava os ovos de alguns deles. Mais recentemente, outros pesquisadores observaram que, ao contrário do esperado, a flora nativa da Antártica tem sido pouco afetada pelo aumento de radiação ultravioleta decorrente do buraco na camada de ozônio.

◆ A hipótese da destruição do ozônio

Em 1974, Mario J. Molina e F. Sherwood Rowland (professor de pós-doutorado de Molina, no campus de Irvine, da Universidade da Califórnia) lançaram uma idéia explosiva: baseados em cálculos teóricos, levantaram a hipótese de que o cloro proveniente de clorofluorcarbonetos (compostos gasosos de carbono contendo cloro e flúor) poderia destruir o ozônio estratosférico. Esses gases, conhecidos como Freons® (marca registrada da empresa norte-americana DuPont) ou pela sigla CFC, vinham sendo utilizados principalmente como substâncias refrigerantes em geladeiras, condicionadores de ar etc., e, na época, também eram empregados como propelente em frascos de aerossóis. Na metade da década de 1970, produzia-se mais de 1 milhão de toneladas de CFC por ano. Devido aos efeitos danosos que o depauperamento da camada de ozônio pode trazer para a vida na Terra, a hipótese de Sherwood e Molina aos poucos passou a receber atenção, apesar da ferrenha oposição inicial das empresas fabricantes dos CFC, principalmente a norte-americana DuPont. Na realidade Molina e Rowland surpreenderam o mundo científico, pois até então ninguém havia suspeitado que os CFC, uma vez na estratosfera, se decompunham fotoquimicamente (por ação da luz), levando, assim, à destruição de ozônio. Isso ocorrera porque os CFC são compostos muito estáveis, de baixíssima toxicidade, não apresentando nenhum problema na troposfera. Entretanto eles se difundem lentamente para a estratosfera, e aí se tornam vilões.

Como conseqüência da hipótese de Rowland e Molina e da decorrente pressão de cientistas e ambientalistas, o governo norte-americano, após muitos debates, proibiu, em 1978, o uso de CFC como propelente de aerossóis (um uso não essencial). Em 1979 a Academia Nacional de Ciências dos Estados Unidos, pela segunda vez, divulgou relatório sobre a hipótese de Rowland e Molina, prevendo que a destruição da camada de ozônio traria substanciais efeitos perniciosos à saúde humana e ao meio ambiente; ao mesmo tempo, sugeriu que os Estados Unidos tentassem liderar uma campanha mundial, para que se estabelecessem controles internacionais sobre o uso de CFC. Todavia, no final dos anos 1970 e início dos 1980, a confirmação da hipótese de destruição do ozônio estratosférico era vislumbrada como possível apenas num futuro um tanto longínquo (dadas as variações naturais no teor de ozônio na atmosfera, só um decréscimo de, no mínimo, 3% a 4% seria um indicador confiável de que a hipótese era correta). Assim, aos poucos, os governos de outros países aceitaram a posição da indústria de que a hipótese não passava de especulação e continuaram permitindo o uso de CFC, mesmo como gases propelentes de aerossóis. Isso contribuiu para que a produção e a liberação global de CFC continuassem crescendo.

◆ A descoberta do buraco na camada de ozônio sobre a Antártica

Em 1985, entretanto, cientistas do Levantamento Antártico Britânico relataram, baseados em dados obtidos por satélites, um fato inesperado. Desde o final da década de 1970, a camada de ozônio sobre a Antártica vinha sendo parcialmente destruída, misteriosa e repentinamente, nos meses de setembro e outubro (início da primavera austral). Em certas altitudes, tão logo o retorno da luz solar acabava com a longa noite polar, em poucas semanas praticamente todo o ozônio era destruído. Nenhum modelo sobre a diminuição da quantidade de ozônio atmosférico havia previsto que o fenômeno pudesse ocorrer em tal escala e em tão pouco tempo. O fato deixou os cientistas perplexos e imediatamente reavivou a hipótese de Rowland e Molina.

Nos anos de 1986 e 1987, expedições científicas norte-americanas estiveram na Antártica especialmente para estudar o fenômeno; em 1987 também foram feitos sobrevôos na região com um avião especialmente equipado para analisar a composição do ar estratosférico austral. Esses estudos confirmaram que a presença de cloro atômico (proveniente de CFC), bromo atômico (proveniente de compostos de carbono e cloro que contêm bromo) e brometo de metila (CH_3Br) no ar da estratosfera austral era responsável pelo surgimento do buraco na camada de ozônio.

Atualmente os cientistas já sabem por que o buraco de ozônio surge logo após o fim do inverno austral. Na realidade as quantidades de cloro e bromo são praticamente uniformes ao longo de toda a estratosfera. Na Antártica, entretanto, certos fatores especiais levam tanto à liberação dos destruidores átomos de cloro e bromo (que atacam o ozônio) como à estabilização desses átomos por longos períodos (tempo suficiente para causar a

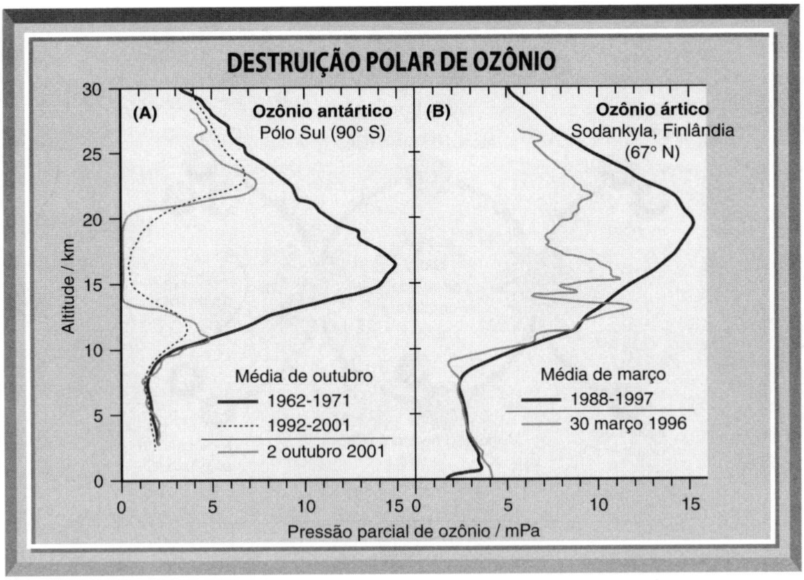

Figura 21. Perfil da quantidade de ozônio em função da altitude na atmosfera da Antártica (A) e do Ártico (B), no início da primavera local, em diferentes períodos. Na Antártica, é marcante a diminuição da quantidade de ozônio entre 10 e 25 km de altitude, causando o que se conhece como "buraco de ozônio". (Adaptada do relatório "Avaliação científica da depleção de ozônio — 2002", publicado pela Organização Meteorológica Mundial.)

destruição de enormes quantidades de ozônio). Esses fatores estão associados às atípicas nuvens estratosféricas formadas durante o inverno austral. Na estratosfera austral, uma corrente de ar conhecida como "vórtice polar" circula em torno da Antártica durante o inverno. O ar preso nesse vórtice torna-se extremamente frio durante a longa noite polar. A temperatura abaixa (atinge valores inferiores a 90 graus Celsius negativos) a ponto de se formarem nuvens mesmo na sequíssima estratosfera. E, na superfície das partículas dessas nuvens estratosféricas, acontecem as reações-chave que originam o buraco de ozônio da Antártica (reações que ocorrem sobre superfícies são conhecidas como "reações heterogêneas"). A presença dessas nuvens faz com que as espécies cloro ativo (cloro atômico) e monóxidos de cloro (ClO) e de bromo (BrO) fiquem disponíveis durante longo tempo para reagirem com o ozônio; isso permite que, num ciclo catalítico, um único átomo de cloro ou uma única molécula de monóxido de cloro destrua centenas de milhares de moléculas de ozônio (veja a figura 22).

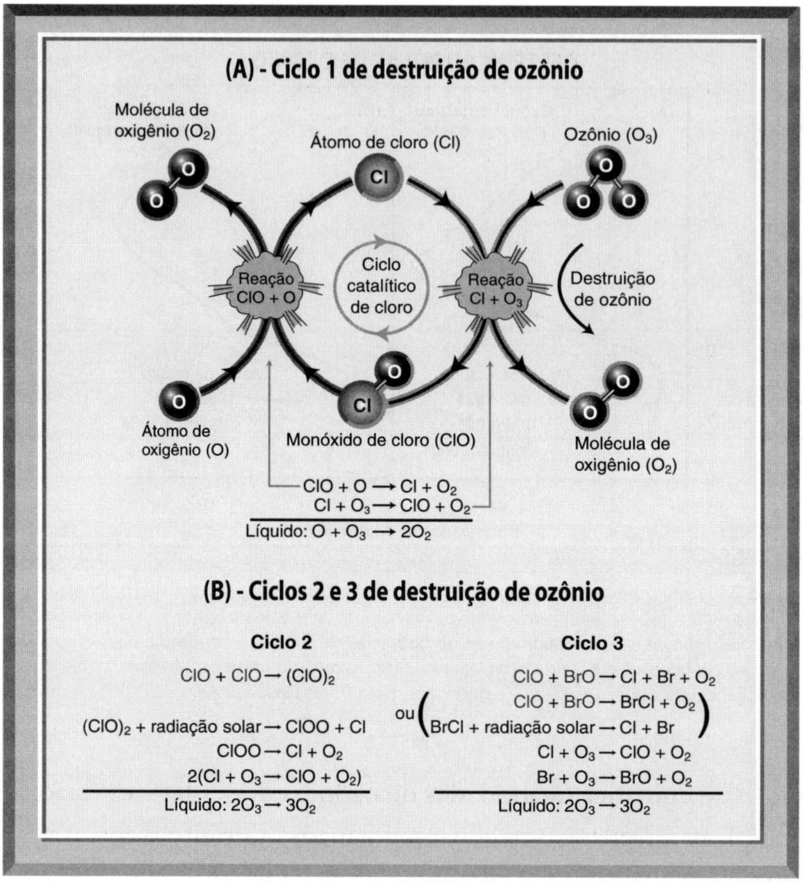

Figura 22. (A) Ciclo 1 de destruição de ozônio, envolvendo duas reações químicas separadas. Este ciclo, que pode iniciar-se tanto a partir de ClO como de Cl, tem a participação de um átomo de oxigênio, produto da destruição de molécula de ozônio causada por radiação ultravioleta, como mostrado no capítulo anterior. Na Antártica este ciclo é pouco significativo, dada a baixa quantidade de átomos de oxigênio nessa região; ele é mais importante em latitudes tropicais ou médias, onde a radiação solar ultravioleta é mais intensa. (B) Ciclos 2 e 3 de destruição de ozônio, envolvendo moléculas de ClO ou de ClO e BrO. Estes ciclos, iniciados pela reação de uma molécula de ClO com outra de ClO ou de BrO, causam destruição significativa de ozônio nas regiões polares porque as quantidades de ClO atingem aí altos valores. A luz solar é necessária para que cada ciclo se complete e para que quantidades de ClO se formem e se mantenham. (Adaptada do relatório "Avaliação científica da depleção de ozônio — 2002", publicado pela Organização Meteorológica Mundial.)

Dados coletados mostram que a extensão média do depauperamento da camada de ozônio da Antártica foi muito maior nos anos 1990 do que nos 1980, o que esteve diretamente relacionado ao crescente aumento de CFC na estratosfera.

◆ Destruição da camada de ozônio sobre o Ártico e outras regiões

Em 1989, realizou-se a primeira expedição científica abrangente para estudar também a estratosfera sobre a região do pólo norte. Os resultados obtidos foram inesperados: analogamente à estratosfera da Antártica, a do Ártico encontrava-se repleta, no inverno, das mesmas espécies cloradas destruidoras que causam o surgimento do buraco na camada de ozônio da Antártica. Então ficou claro que só o fato de os invernos árticos serem normalmente menos rigorosos que os antárticos vinha evitando, até aquele momento, destruições massivas de ozônio também sobre o Ártico. Alguns cientistas previram que bastaria um inverno ártico excepcionalmente rigoroso (como o ocorrido em 1975-1976), com a formação de nuvens estratosféricas, para que surgisse um buraco na camada de ozônio ártica. Efetivamente, durante os anos 1990 foi confirmada essa previsão. A figura 23 deixa claro que o teor médio de ozônio na estratosfera ártica nos meses de março tem decrescido substancialmente em alguns anos de inverno rigoroso, destacando-se o baixo valor atingido em março de 1997.

Dados obtidos por aparelhos em terra ou em satélites nas últimas décadas mostram que houve uma significativa diminuição nas quantidades globais de ozônio desde 1980 (comparadas à média temporal para os anos 1964-1980). A única região do planeta onde as variações ocorridas não são significativas é a dos trópicos (entre as latitudes 25° sul e 25° norte). Nas latitudes médias (entre 35° e 60°), a diminuição no teor de ozônio é maior no hemisfério sul do que no hemisfério norte, conforme pode ser visto na figura 24. No início deste século, nas latitudes médias do hemisfério norte a diminuição na quantidade de ozônio era de quase 4% em relação aos anos pré-1980. Já no hemisfério sul essa diminuição na quantidade de ozônio era de quase 6%.

A figura 25 mostra que a variação no teor global de ozônio (90° S-90° N) pode ser descrita por um decréscimo aproximada-

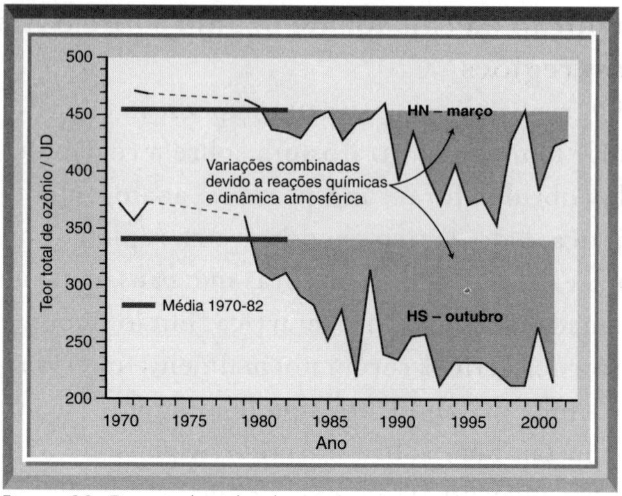

Figura 23. Teor total médio de ozônio nas regiões polares (acima de 63° de latitude) no início da primavera local, em março no hemisfério norte (HN) e em outubro no hemisfério sul (HS). As retas paralelas à abscissa indicam os valores médios para os anos anteriores a 1983 e as áreas cinza-claras mostram as perdas comparativamente a esses valores. (Adaptada do relatório "Avaliação científica da depleção de ozônio — 2002", publicado pela Organização Meteorológica Mundial.)

mente linear do final dos anos 1970 aos primeiros anos da década de 1990, um mínimo durante 1992-1994, aumento durante a segunda metade dos anos 1990 e valores relativamente baixos na virada do século. Os teores globais de ozônio nos anos 1998-1999 são similares aos dos primeiros anos da década de 1990, mas cerca de 3% mais baixos que os dos últimos anos da década de 1970. Entretanto os teores voltam a baixar na virada do século, não ficando claro ainda quão significativos são os valores para os anos 1998-1999.

Atualmente já se sabe que a destruição catalisada por átomos de cloro e bromo também é a principal responsável pela diminuição do ozônio em regiões não polares. Mas os baixos teores recordes registrados após a erupção vulcânica do Monte Pinatubo em junho de 1991 mostraram que outros fatores também podem acelerar a diminuição do teor de ozônio atmosférico.

Essa dramática redução no teor de ozônio no hemisfério norte nos anos 1991-1993 causada pela erupção vulcânica do Monte Pinatubo aconteceu por fenômeno semelhante ao que ocorre no pólo sul.

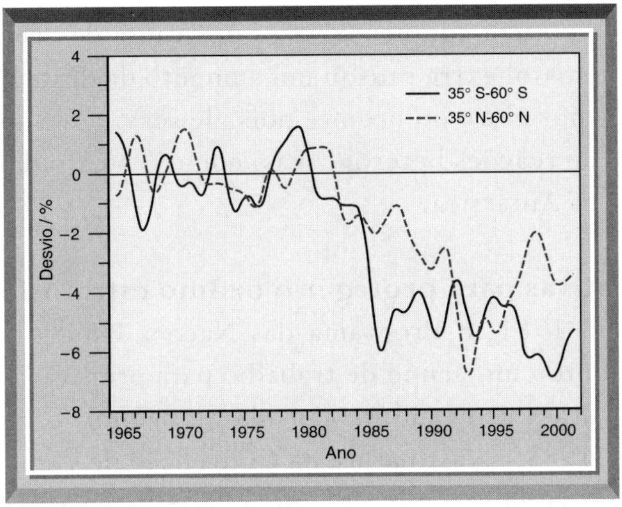

Figura 24. Desvios médios percentuais dessazonalizados do teor de ozônio em relação ao teor médio do período 1964-1980 nas regiões de latitude média dos dois hemisférios (35°-60°).

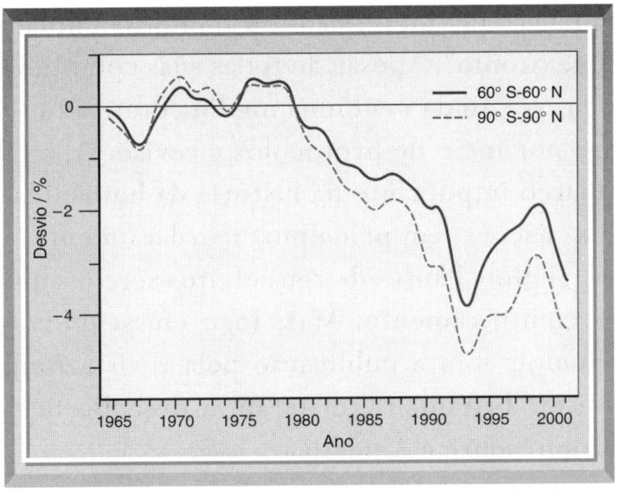

Figura 25. Desvios médios porcentuais dessazonalizados do teor de ozônio nas regiões não-polares de 60° S-60° N e para todo o globo, 90° S-90° N. Esses valores foram ajustados levando em conta efeitos solares e oscilações quase-bienais. (Adaptada do relatório "Avaliação científica da depleção de ozônio — 2002", publicado pela Organização Meteorológica Mundial.)

Na época, em poucos meses, partículas de aerossol de sulfato provenientes do dióxido de enxofre (SO_2) injetado pelo Pinatubo se espalharam dos trópicos para a atmosfera nas latitudes médias. A camada de aerossol de sulfato, normalmente existente na estratosfera, foi aumentada de vinte a cinqüenta vezes por causa da erupção. A presença desse aerossol extra causou um aumento da destruição do ozônio catalisada por cloro ou bromo, pois ele serviu de superfície para a ocorrência de reações heterogêneas, como é o caso das nuvens estratosféricas na Antártica.

Iniciativas para proteger o ozônio estratosférico

Ainda em 1981, o Programa das Nações Unidas para o Meio Ambiente montou um grupo de trabalho para preparar uma convenção-quadro para a proteção da camada de ozônio, o que resultou, em março de 1985, na assinatura da Convenção de Viena para a Proteção da Camada de Ozônio, pela qual 28 países acordavam em tomar "medidas apropriadas... para proteger a saúde humana e o ambiente contra efeitos adversos resultantes ou possíveis de resultar de atividades humanas que modificam ou têm possibilidade de modificar a camada de ozônio". Apesar de todas suas complicações e disputas, e de não prever ainda nenhuma medida prática (a serem negociadas no futuro por meio de protocolos e revisões), a Convenção de Viena é um marco importante na história da humanidade, pois pela primeira vez as nações, em princípio, acordaram em atacar um problema ambiental global antes de seus efeitos serem sentidos ou mesmo provados cientificamente. Mas, logo em seguida, em maio de 1985, tudo mudou com a publicação pela revista *Nature* do artigo em que cientistas britânicos relataram a descoberta do buraco na camada de ozônio sobre a Antártica.

Após a descoberta da ocorrência do buraco na camada de ozônio austral a cada início de primavera, os governos de diferentes países finalmente se convenceram de que algo devia ser feito quanto aos CFC. Assim, em 1987 foi assinado, como parte da Convenção de Viena, o Protocolo de Montreal sobre Substâncias que Destroem a Camada de Ozônio, que prevê a substituição gradual dessas substâncias por outras inertes. Na versão inicial do Protocolo, somente cinco CFC e três halônios foram incluídos, mas ele foi feito de modo que fosse revisado com base em novas avaliações e dados científicos e técnicos. Assim, em 1990, esse protocolo foi modificado pela emenda conhecida como Revisão de Londres, que aumentou sua abrangência (outras substâncias foram incluídas: dez CFC, tetracloreto de carbono e metilclorofórmio) e acelerou as substituições fixando prazos máximos para o uso dessas substâncias.

No início de 1992, em nova expedição ao Ártico, cientistas da Nasa encontraram teores estratosféricos de monóxido de cloro (ClO) – uma substância potencialmente causadora da destruição de ozônio – maiores que aqueles registrados na Antártica. Esses altos teores, combinados com certas condições ambientais, tinham o potencial de causar a destruição do ozônio a uma taxa de 1% a 2% por dia. O anúncio desses resultados gerou uma tempestade publicitária, especialmente nos Estados Unidos: afirmava-se, por exemplo, que a formação de um buraco na camada de ozônio ártica era iminente. Poucos dias após o anúncio, o então presidente americano, George Bush, decidiu, unilateralmente, antecipar a data para que os Estados Unidos deixassem de usar CFC, que passou do ano 2000 para 1996. Ainda em novembro de 1992, a comunidade internacional adotou o mesmo prazo-limite, por meio de nova emenda ao Protocolo de Montreal, conhecida como Revisão de Copenhague. Esse prazo era válido para os países desenvolvidos; no caso dos países em desenvolvimento, como o Brasil, esse prazo é maior: até 2010. Outras revisões do protocolo foram posteriormente adotadas: a de Viena, em 1995; a de Montreal, em 1997, e a de Beijing, em 1999. Em meados de 2001, eram quase 180 os países aderentes ao Protocolo de Montreal, e mais de noventa substâncias eram controladas.

Cientistas e ambientalistas entendem que o Protocolo de Montreal e suas revisões representam um triunfo: afinal os políticos acataram os alertas da comunidade científica, agindo para evitar uma destruição potencialmente danosa da camada de ozônio. Como ilustrado na figura 26, a adesão ao Protocolo tem dado resultado, pois o teor efetivo equivalente de cloro na estratosfera já passou por um máximo por volta da metade dos anos 1990 e vem diminuindo desde então. Vale observar que ainda durante muitas décadas esse teor será maior ou igual àquele que fez com que surgisse anualmente o buraco de ozônio na Antártica. Estima-se que o teor efetivo equivalente de cloro na estratosfera só voltará a valores pré-1980 na segunda metade dos anos 2040, quando também deixará de ocorrer o buraco de ozônio na Antártica a cada início de primavera (veja a figura 27).

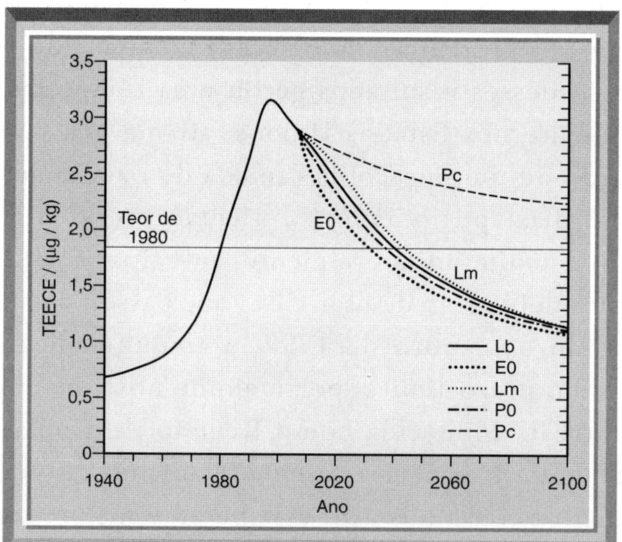

Figura 26. Estimativas para o teor efetivo equivalente de cloro na estratosfera (TEECE) baseadas em um cenário de linha-de-base (Lb, curva contínua), um cenário máximo (Lm) e os casos hipotéticos de emissões zero em 2003 e daí para a frente (E0) e de produção zero em 2003 e daí para a frente (P0) de todas as substâncias antrópicas destruidoras de ozônio (SADO); também são mostrados resultados para o cenário de produção continuada de SADO no futuro nas taxas de 1999 (Pc), uma produção muito maior que a permitida no Protocolo de Montreal completamente revisado e emendado.

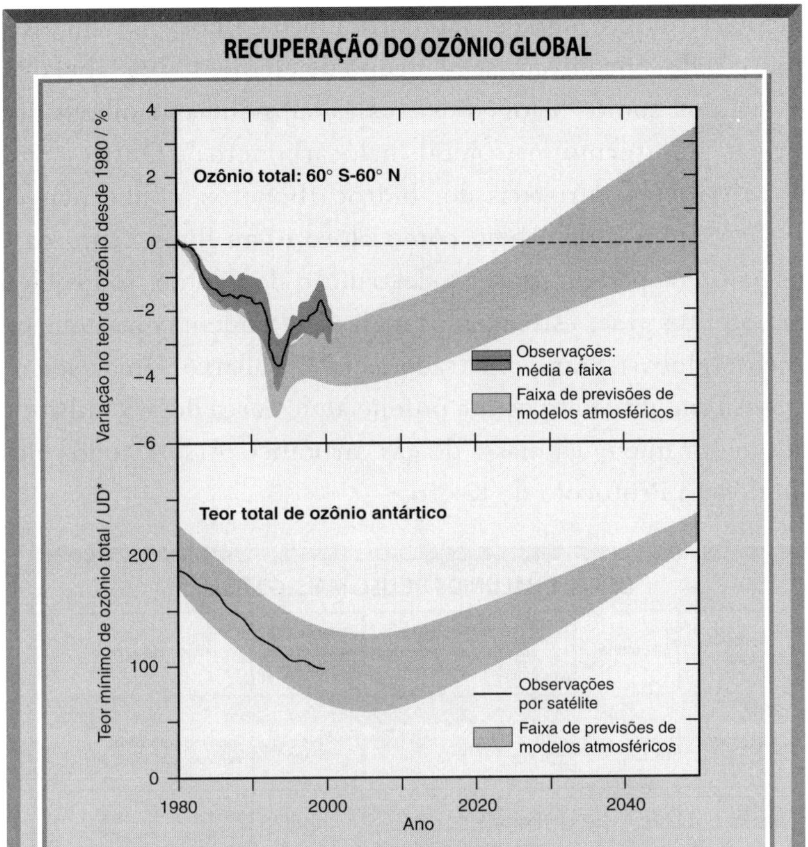

*UD = unidade Dobson. Se todo o teor médio de ozônio sobre um ponto da Terra fosse comprimido até a pressão de 1 atmosfera, ele teria só 3 mm de altura; por isso, o teor de ozônio é geralmente expresso como atm - mm, sendo que 1 UD = 0,01 atm-mm.

Figura 27. Os valores observados para o teor total global de ozônio (parte superior) e teor mínimo total de ozônio sobre a Antártica (parte inferior) têm decrescido desde a primeira parte da década de 1980. À medida que as emissões por fontes de gases halogenados decrescem neste início do século XXI, espera-se que os teores de ozônio aumentem e recuperem-se em direção aos valores pré-1980. Resultados de modelos computacionais prevêem que a recuperação será significativa por volta de 2050, ou quiçá antes. A faixa de previsões dos modelos surge em decorrência de eles estarem baseados em diferentes suposições sobre o clima e a composição futuros da atmosfera. (Adaptadas do relatório "Avaliação científica da depleção de ozônio – 2002", publicado pela Organização Meteorológica Mundial.)

◆ CFC e seus substitutos

Os clorofluorcarbonetos ou CFC são substâncias derivadas dos hidrocarbonetos, em que átomos de hidrogênio estão substituídos por átomos de cloro e flúor. Como os elementos cloro e flúor, juntamente com o bromo e o iodo, encontram-se no grupo de elementos da Tabela Periódica conhecidos como "halogênios", essas substâncias também podem ser referidas pelo termo mais geral "halocarbonetos". Outro grupo de substâncias também derivadas dos hidrocarbonetos, conhecidas como "halônios", contém bromo bem como cloro e/ou flúor. Tanto os CFC como os halônios podem causar a destruição do ozônio. Todos eles são também potentes gases estufa (substâncias que podem contribuir para o aquecimento global), como mostrado na tabela abaixo. Uma dada massa desses gases tem um efeito estufa potencial de cerca de 3,5 mil até 10,5 mil vezes maior que igual massa de gás carbônico. Assim, todos eles estão incluídos no Protocolo de Kyoto.

OS CFC E HALÔNIOS DE USO MAIS COMUM

Símbolo comum	Fórmula	Tempo médio de vida (em anos)	Potencial de depauperamento de ozônio*	Potencial de aquecimento global**	Principais usos
CFC:					
CFC-11	CCl_3F	45	1	6.330	espumas poliméricas, condicionamento de ar, refrigeração
CFC-12	CCl_2F_2	100	1	10.340	espumas poliméricas, condicionamento de ar, refrigeração, aerossóis, congelamento de alimentos
CFC-114	$CClF_2CClF_2$	300	0,94	7.560	espumas poliméricas, refrigeração, condicionamento de ar
CFC-115	$CClF_2CF_3$	1.700	0,44	4.990	refrigeração, condicionamento de ar
Halônios:					
halônio-1211	$CBrClF_2$	16	6	4.460	extintores portáteis de incêndio
halônio-1301	$CBrF_3$	65	12	7.970	sistemas de extintores de incêndio por cobertura total
halônio-2402	$CBrF_2CBrF_2$	20	$< 8,6$	3.460	extintores de incêndio

* O potencial de depauperamento de ozônio de uma substância representa o quanto de destruição de ozônio estratosférico se espera que uma dada massa dessa substância cause comparativamente à mesma massa de CFC-11.

** O potencial de aquecimento global de uma substância representa o quanto uma dada massa dessa substância pode contribuir para o aquecimento global (efeito estufa) comparativamente à mesma massa de gás carbônico (dados para um horizonte de tempo de 20 anos).

Os halônios, apesar de liberados na atmosfera em quantidades menores que os CFC, respondem por uma fração significativa da destruição do ozônio, pois, infelizmente, seu potencial de depauperamento de ozônio é bem maior que o dos CFC, como pode ser visto na tabela anterior.

Os CFC foram obtidos pela primeira vez, em 1928, pelo químico da DuPont Thomas Midgley Junior, também inventor do tetraetil chumbo [$Pb(C_2H_5)_4$], usado como aditivo na gasolina até o início dos anos 1990. Midgley desenvolveu o produto em resposta a uma solicitação de colegas da Divisão Frigidaire da General Motors. Segundo eles, a indústria de refrigeração precisava urgentemente de melhores substâncias refrigerantes para os compressores (na época, usavam-se amônia e dióxido de enxofre, que são tóxicos e estão longe de ser ideais como refrigerantes); havia a necessidade de novas substâncias que, além de serem ideais como refrigerantes e estáveis, não fossem tóxicas nem inflamáveis. Midgley sintetizou os CFC achando que eles atendiam a esses requisitos. Ele estava certo, e, nas décadas seguintes, os CFC conquistaram a preferência da indústria de refrigeração e de condicionamento de ar, devido ainda ao seu custo moderado.

Após a Segunda Guerra Mundial, também passaram a ser usados (por serem inertes), em escala crescente, como propelentes de aerossóis. O número de latas de aerossóis produzidas anualmente só pelos norte-americanos cresceu, então, 67.000%, de 1947 a 1974. Em 1974, nos Estados Unidos, essa aplicação já respondia pelo consumo de aproximadamente 75% da produção de CFC. Nesse mesmo ano, a produção mundial dos dois CFC mais usados – CFC-11 e CFC-12 – chegou a 1 milhão de toneladas. Os CFC, dada sua inércia e baixíssima toxidez, também foram utilizados no setor de espumas poliméricas, servindo como agentes expansores, por exemplo, na produção de poliestireno expandido, popularmente conhecido no Brasil pela marca Isopor®.

Graças à sua altíssima estabilidade, os CFC têm um tempo médio de permanência na atmosfera bastante longo, antes de serem destruídos por alguma reação química. Para os dois CFC mais comuns, esse período é de 45 anos e 100 anos, respectivamente, tempo suficiente para que eles se difundam para a estratosfera e aí sejam decompostos por ação da luz ultravioleta, formando monóxido de cloro mais radicais ativos que reagem com o ozônio, destruindo-o. Em razão dessa ação adversa, o Protocolo de

Montreal e suas diversas emendas praticamente decretaram o fim dos CFC a partir de 1º de janeiro de 1996. No caso de países não-desenvolvidos, esse prazo estende-se até o ano 2010; entretanto, como o Brasil exporta, por exemplo, compressores para os países desenvolvidos, na prática essa substituição já ocorreu quase completamente.

Diante dessa medida, houve necessidade de se encontrarem alternativas aos CFC. O Protocolo de Montreal previu o uso dos hidroclorofluorcarbonetos (HCFC) como substitutos temporários para os principais halocarbonetos, como, por exemplo, o CFC-12. Os HCFC são semelhantes aos CFC, mas, como suas moléculas também contêm átomos de hidrogênio, elas são menos estáveis que as de CFC e, portanto, podem se decompor na troposfera, o que determina que só pequenas frações desses gases cheguem à estratosfera. Outra possibilidade é o uso dos hidrofluorcarbonetos (HFC), que, por não conterem átomos de cloro em suas moléculas, não estão entre as substâncias controladas pelo Protocolo de Montreal, pois praticamente não causam a destruição de ozônio. No caso dos HCFC, seus potenciais de depauperamento de ozônio ainda estão na faixa de 1% a 15% daqueles dos CFC. Por causa disso, o Protocolo de Montreal prevê que a produção dos HCFC deve cessar em 2030, nos países desenvolvidos, e em 2040, nos em desenvolvimento. A tabela da página seguinte lista alguns dos HCFC e HFC mais comuns e respectivos tempos médios de vida, potenciais de depauperamento de ozônio e potenciais de aquecimento global.

No caso da indústria de refrigeração, pensando no futuro, as alternativas que têm sido exploradas são: HFC, amônia (NH_3), hidrocarbonetos, gás carbônico (CO_2) e água. Nenhuma dessas alternativas, porém, é perfeita, apresentando vantagens e desvantagens. Por exemplo, os HFC, como já visto, têm potenciais de aquecimento global relativamente elevados, a amônia é mais tóxica que as outras opções, e ambos, amônia e hidrocarbonetos, são inflamáveis. Naturalmente a eficiência energética está diretamente relacionada ao aquecimento global e à emissão de gases estufa. Após o potencial de depauperamento de ozônio, o aquecimento global é a principal questão ambiental a ser levada em conta na escolha de tecnologias refrigerantes a curto, médio e longo prazos. Assim, o uso de amônia e hidrocarbonetos tem sido estimulado, em parte, pelo fato de os HFC serem potentes gases estufa.

OS HCFC E HFC DE USO MAIS COMUM

Símbolo comum	Fórmula	Tempo médio de vida (em anos)	Potencial de depauperamento de ozônio*	Potencial de aquecimento global**
HCFC:				
HCFC-22	$CHClF_2$	12	0,05	4.850
HCFC-141b	CH_3CCl_2F	9,3	0,12	2.120
HCFC-142b	CH_3CClF_2	17,9	0,07	5.170
HCFC-123	$CHCl_2CF_3$	1,3	0,02	257
HCFC-124	$CHClFCF_3$	5,8	0,02	1.950
HFC:				
HFC-23	CHF_3	270	$< 4,0 \times 10^{-4}$	9.500
HFC-32	CH_2F_2	4,9	–	1.800
HFC-125	CHF_2CF_3	29	$< 3,0 \times 10^{-5}$	5.970
HFC-134a	CH_2FCF_3	14	$< 1,5 \times 10^{-5}$	3.370
HFC-143a	CH_3CF_3	52	–	5.540

* O potencial de depauperamento de ozônio de uma substância representa o quanto de destruição de ozônio estratosférico se espera que uma dada massa dessa substância cause comparativamente à mesma massa de CFC-11.

** O potencial de aquecimento global de uma substância representa o quanto uma dada massa dessa substância pode contribuir para o aquecimento global (efeito estufa) comparativamente à mesma massa de gás carbônico (dados para um horizonte de tempo de 20 anos).

Entretanto aspectos de segurança também implicam controles bastante restritivos quanto à emissão para amônia e hidrocarbonetos.

As cinco alternativas anteriormente mencionadas estão em diferentes estágios de desenvolvimento ou comercialização. Os HFC são amplamente aplicados em muitos setores. O uso de amônia e hidrocarbonetos vem crescendo em setores onde eles podem ser facilmente acomodados. Equipamentos a CO_2 estão sendo desenvolvidos para algumas aplicações, sendo que os primeiros sistemas já estão no mercado. Do mesmo modo, equipamento que usa água já foi desenvolvido e pode ter seu uso ampliado em aplicações limitadas.

No caso da indústria de refrigeração doméstica, os dois refrigerantes alternativos preferidos têm sido o HFC-134a e o isobutano, conhecido pela sigla HC-600a. Para refrigeração comercial, o HFC-134a e hidrocarbonetos também têm sido os refrigerantes escolhidos, embora, na Europa, para sistemas centralizados também tenha se optado pelo uso das misturas de HFC conhecidas como R-404A e R-507A. No início deste século, a amônia e o HCFC-22 eram os refrigerantes mais usados para refrigeração industrial, havendo expectativa quanto ao aumento futuro da importância da amônia e da mistura de HFC conhecida como R-410A.

Em condicionadores de ar, o refrigerante de escolha tem sido o HCFC-22, o qual se prevê seja amplamente utilizado pelo menos até 2015. No momento, os refrigerantes apontados como mais prováveis candidatos a substituir o HCFC-22 no futuro são duas misturas de HCF, a R-410A e a R-407C, sendo esta última a preferida para aparelhos unitários de maior capacidade (maior que 50 kW). Cabe mencionar que o uso do hidrocarboneto propano, industrialmente conhecido pela sigla HC-290, também é possível em algumas aplicações.

No Brasil, grandes fabricantes de compressores para exportação, como a Tecumseh do Brasil e a Embraco (Empresa Brasileira de Compressores), há anos já vêm usando refrigerantes substitutos de CFC, como o HFC-134a, misturas de HFC como a R-404A e a R-407C, além de hidrocarbonetos como o HC-600a (isobutano).

OS HIDROCARBONETOS (HC) E AS MISTURAS DE HFC DE USO MAIS COMUM

HC:		
Símbolo comum	Fórmula	Nome
HC-290	$CH_3CH_2CH_3$	propano
HC-600	$CH_3CH_2CH_2CH_3$	butano
HC-600a	$CH_3CH(CH_3)_2$	isobutano

Misturas de HFC:	
Símbolo comum	Fórmula (porcentagem em massa)
R-404A	HFC-125 (44%), HFC-143a (52%), HFC-134a (4%)
R-407C	HFC-32 (23%), HFC-125 (25%), HFC-134a (52%)
R-410A	HFC-32 (50%), HFC-125 (50%)
R-507A	HFC-125 (50%), HFC-143a (50%)

E que tal intervir na atmosfera para minorar suas alterações?

Nas últimas décadas, alguns cientistas passaram a discutir a possibilidade de manejar deliberadamente o clima da Terra, o que tem provocado debates sobre os aspectos sociais, econômicos, políticos e éticos envolvidos na questão. Eles argumentam que intervenções tecnológicas podem minorar ou reverter os efeitos das alterações introduzidas inadvertidamente na atmosfera pelas atividades econômicas humanas, ou mesmo impedir que essas alterações ocorram. Referem-se, em especial, ao efeito estufa (decorrente principalmente da queima de combustíveis fósseis) e à destruição da camada de ozônio estratosférico (causada pelos CFC).

◆ Intervindo no efeito estufa

A humanidade deve continuar queimando combustíveis fósseis em enormes quantidades, para, posteriormente, tentar manejar a atmosfera para anular os efeitos do gás carbônico liberado? Ou seria mais correto procurar reduzir a sua dependência dessa fonte de energia? Supondo que a queima de combustíveis fósseis continuará, dois tipos de intervenções tecnológicas têm sido discutidos para diminuir o efeito estufa: um que procura refletir a radiação solar de volta para o espaço ou diminuir a quantidade dela que chega à Terra, e outro que visa retirar o gás carbônico da atmosfera ou impedir que nela ele ingresse.

Na década de 1980, alguns cientistas propuseram, por exemplo, que o efeito estufa poderia ser diminuído, pelo menos em parte, pela injeção de aerossóis de sulfatos na estratosfera, pois sua presença na atmosfera aumenta a reflexão da energia solar de volta ao espaço e, portanto, reduz o fluxo que atinge a superfície do planeta. O Vulcão Pinatubo fez isso, de modo natural, durante sua erupção em 1991.

Mais recentemente, cientistas norte-americanos propuseram que efeito refletivo semelhante ao dos aerossóis de sulfatos, e mais permanente, poderia ser obtido pela introdução na estratosfera de um milhão de toneladas de diminutos balões de alumínio (com cerca de 4 milímetros de diâmetro) cheios de hidrogênio, ao custo de cerca de um bilhão de dólares. Outra opção seria a montagem no espaço de um espelho diáfano gigantesco, de cerca de mil quilômetros de largura, posicionado entre o Sol e a Terra. O custo desse espelho seria centenas de vezes maior, mas estima-se que ele poderia compensar por uma duplicação no teor de gás carbônico atmosférico e seria uma solução ainda mais permanente. Finalmente, também se propôs a obtenção de uma maior reflexão da radiação solar aumentando-se a quantidade de nuvens, usando técnica semelhante àquela para ocasionar chuvas: lançamento de sais na atmosfera para nuclear a condensação do vapor d'água, usando enormes geradores eólicos de *spray* marinho espalhados pelos oceanos. Essas propostas têm sido, entretanto, fortemente criticadas, pois intervenções atabalhoadas em algo tão crucial e pouco entendido como a radiação solar podem ter conseqüências imprevisíveis e dramáticas sobre o clima global, a química da atmosfera e a biota terrestre. De qualquer modo, para alguns, não deixa de ser tentadora a idéia de controlar a temperatura da Terra, ao mesmo tempo que o teor de gás carbônico pode dobrar ou até aumentar mais ainda.

Nos últimos anos, acalorados debates têm ocorrido sobre a possibilidade de seqüestro de gás carbônico e seu posterior armazenamento. A proposta envolve a liquefação do gás carbônico emitido, por exemplo, por usinas termoelétricas (responsáveis por cerca de um terço de todo o gás carbônico injetado na atmosfera anualmente), seguida de seu armazenamento no fundo dos oceanos ou em formações geológicas. A efetividade do armazenamento nos oceanos ainda está por ser testada. Já o armazenamento em formação geológica vem sendo feito comercialmente pela empresa Statoil desde 1996, associado a um empreendimento de exploração de gás natural no Mar do Norte. A Statoil extrai gás natural no campo de Sleipner. Como esse gás contém quase 10% de gás carbônico, seu teor deve ser baixado para no máximo 2,5%. Em vez de ser liberado na atmosfera, o gás carbônico extraído é, então, liquefeito e injetado em uma formação geológica de arenito, de 800 a 1 mil metros abaixo do leito do fundo do mar, conhecida como Formação Utsira. Cerca de um milhão de toneladas de gás carbônico têm sido injetadas anualmente nessa formação geológica, com sucesso. Os custos dessa operação são semelhantes aos de uma taxa que a empresa teria de pagar ao governo norueguês, caso o gás fosse liberado na atmosfera. Uma questão em aberto é por quanto tempo o gás carbônico ficará retido na formação geológica — estima-se que será por diversos séculos. A organização Greenpeace vê o seqüestro e armazenamento de gás carbônico como uma atitude inadequada, pois não ataca o problema principal: a geração de gás carbônico, especialmente aquela decorrente da queima de combustíveis fósseis.

Outra ação que vem sendo debatida é a possibilidade de se aumentar a quantidade de fitoplâncton (organismos vegetais marinhos) nos mares do hemisfério sul. Isso causaria a redução da concentração de dióxido de carbono na água do mar, alterando o equilíbrio do CO_2 entre a água do mar e a atmosfera. Como se supõe que os baixos níveis de ferro na água limitam o crescimento do fitoplâncton, aparentemente bastaria adicionar ferro a esses mares para estimular o crescimento de plâncton. Essa estratégia, sugerida em 1990 pelo norte-americano John H. Martin, foi testada em pequena escala no sul do Oceano Pacífico. Efetivamente, a adição de ferro às águas da região desencadeou um crescimento espetacular do fitoplâncton. Entretanto algo não previsto por Martin acompanhou esse crescimento: um aumento imediato do zooplâncton (organismos animais marinhos), que se alimenta do fitoplâncton. Como a respiração do zooplâncton libera CO_2, na prática não houve alteração significativa do teor de CO_2 na água.

◆ Intervindo no processo de depauperamento do ozônio austral

Em 1991, o geocientista norte-americano Ralph J. Cicerone e colaboradores sugeriram um paliativo para a grande destruição de ozônio que ocorre no início da primavera austral: injetar cerca de 50 mil toneladas de etano (C_2H_6) ou propano (C_3H_8) na atmosfera da Antártica, visando suprimir o depauperamento de ozônio que origina o "buraco". A idéia era fazer com que o etano/propano reagisse rapidamente com os átomos de cloro que causam a destruição do ozônio. A proposta de

Cicerone e sua equipe foi imediatamente atacada por ambientalistas, que a viam como uma possível desculpa para o relaxamento dos controles sobre a emissão de CFC, a origem do problema. Posteriormente, os cientistas se deram conta de que a química atmosférica é bem mais complexa do que se imaginava e que a injeção de etano/propano não parecia tão promissora quanto se pensava no início.

As propostas de manejo da atmosfera têm preocupado muito os ambientalistas. Eles alertam para o perigo de as pessoas deixarem de levar a sério o efeito estufa ou a destruição do ozônio estratosférico, caso passem a crer que esses problemas podem ser resolvidos tecnologicamente. Por sua vez, destacam que uma das lições do movimento ecológico é que as intervenções tecnológicas geram conseqüências imprevisíveis (vale lembrar o que ocorreu ao se fertilizar os mares do sul do Pacífico com ferro). Segundo alguns especialistas, não se deve deixar de estudar as possibilidades de manejar o clima, mas sempre tendo em mente os terríveis riscos de ações inadequadas.

LAERTE

"Consertando o buraco da camada de ozônio."

7. Tempo instável com chuvas no período

Em razão das estações do ano, das diferenças de insolação entre regiões do planeta e das características da sua superfície, a atmosfera segmenta-se em massas de ar frias, quentes, secas, úmidas, ou combinações destas. A presença, o movimento e o encontro dessas massas são responsáveis pelo clima e por diferentes fenômenos meteorológicos.

A capa gasosa que envolve o nosso planeta não está em permanente repouso nem é físico-quimicamente uniforme ou homogênea. Já vimos que a sua composição pode variar de acordo com o local ou com a altitude.

Os movimentos horizontais e verticais da atmosfera determinam o transporte da energia proveniente do Sol e do vapor d'água gerado pela evaporação dos mares, oceanos, lagos, cursos de água e, também, pela transpiração dos animais e das plantas.

Esse transporte energético e de massas (ar e vapor d'água) estabelece certas condições de temperatura e de umidade, que levam a condições ambientais denominadas "clima". Os elementos do clima – o tempo – são definidos pela presença ou intensidade de fenômenos meteorológicos ou elementos climatológicos (tecnicamente denominados "meteoros"). A ciência que estuda esses fenômenos atmosféricos é a meteorologia, e a descrição e a determinação de valores médios dos fenômenos meteorológicos equivalem ao estudo da climatologia.

A distribuição desigual das chuvas e das temperaturas sobre a superfície da Terra determina condições ambientais que dão origem a desertos, savanas, tundras, pradarias, campos, cerrados, matas tropicais etc., que abrigam floras e faunas características. O homem, por sua vez, procura se proteger de certos elementos climáticos desfavoráveis, construindo abrigos que evoluíram das cavernas às palafitas e choupanas, chegando aos castelos, às mansões e aos grandes edifícios modernos de habitação coletiva. Individualmente o homem protege o corpo com peças de vestuário, que, ao longo do tempo, foram sendo adaptadas às condições climáticas e higiênicas e, em parte, modificadas pela moda ou pelo uso de consenso geral, bem como pela disponibilidade de materiais.

As chuvas, os ventos, as geadas, o gelo das geleiras e a própria ação química dos componentes do ar agem sobre as rochas e os solos superficiais da Terra e provocam alterações no modelado da crosta terrestre, cavando vales, destruindo elevações, causando avalanches e deslizamentos de solos e rochas. Às vezes tais efeitos – chamados "intemperismo" – acarretam grandes prejuízos às atividades do homem e comprometem a segurança das suas obras. Não menos espetaculares são os efeitos das grandes tempestades, das tormentas de verão, das nevascas, dos furacões, dos tornados e ciclones, das grandes ventanias. Esses fenômenos meteorológicos também determinam alterações profundas, tanto nos ambientes naturais quanto nos criados pelo homem. É a atmosfera, por meio dos seus fenômenos meteorológicos, atuando sobre a crosta terrestre e sobre a vida que ela abriga.

Sol, atmosfera e calor

O Sol pode ser considerado a única fonte da energia (principalmente calor) que é fornecida à atmosfera e à superfície da Terra. O calor provindo do interior da Terra (vulcões, fontes hidrotermais etc.) é quase desprezível diante da grande quantidade recebida de nossa estrela, o Sol. A atmosfera mostra-se praticamente transparente às radiações oriundas das reações nucleares que conferem altas temperaturas ao Sol. Ela absorve ou reflete uma porção razoável dessa radiação, enquanto, na realidade, a superfície da Terra armazena grande porção do calor solar, funcionando como um bom absorvente térmico. Pode-se considerar que essa superfície é responsável pelo maior fornecimento de calor para as baixas camadas da atmosfera (as figuras 28 e 29 ilustram a distribuição do fluxo de energia proveniente do Sol, em geral e para o Brasil).

A energia térmica recebida por um dado local pode ser transportada para outros locais por vários processos: condução, irradiação, correntes turbulentas e outros. O processo mais eficiente envolve a turbulência, ou seja, a movimentação de grandes quantidades de ar na forma de ventos. O aquecimento da Terra – e, conseqüentemente, o da atmosfera – não é uniforme. Ele depende:

a) da posição do local em relação à linha do equador e aos pólos, isto é, da sua latitude;
b) da altitude em relação ao nível do mar;
c) da natureza da superfície terrestre, apresentando grandes variações entre as superfícies oceânicas e as continentais.

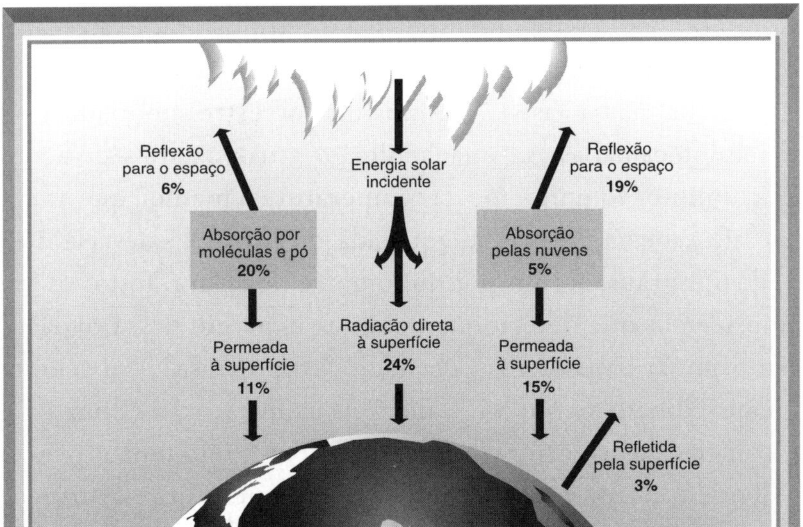

Figura 28. Fluxo solar médio sobre a superfície da Terra.

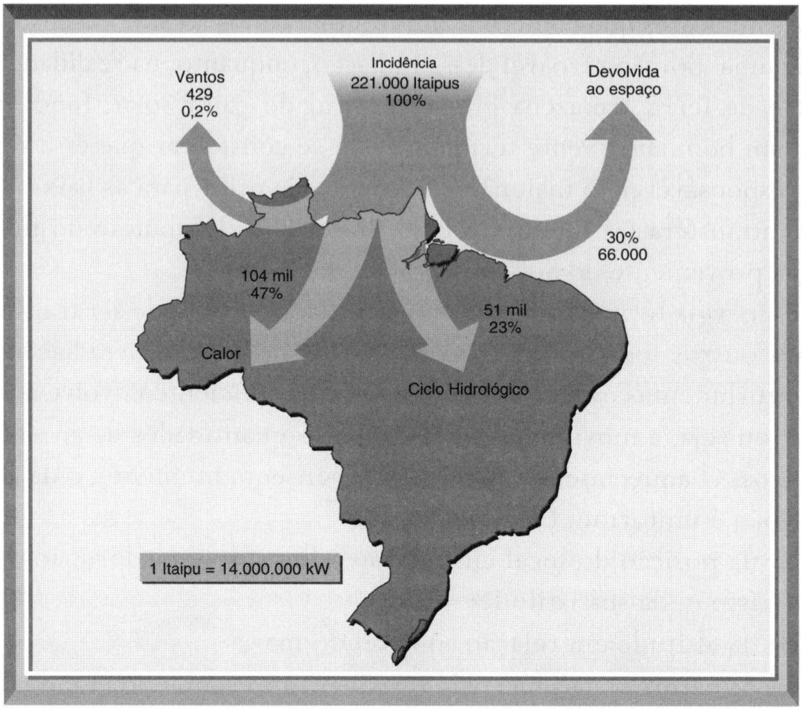

Figura 29. Fluxo solar sobre o território brasileiro.

Como o nosso centro de interesse é a atmosfera, examinaremos a variação da temperatura do ar com a altitude. Conforme o padrão de temperatura da massa gasosa, a atmosfera terrestre subdivide-se em várias regiões ou camadas. A camada inferior – troposfera – caracteriza-se por uma diminuição uniforme da temperatura à medida que as camadas de ar se afastam da superfície aquecida da Terra. Essa variação é, em média, de 6,4 graus Celsius por quilômetro de altura. Todos os fenômenos atmosféricos que determinam o clima ocorrem nessa região.

No topo da troposfera – chamado "tropopausa" –, a temperatura chega a aproximadamente 55 graus Celsius negativos. Acima da tropopausa, começa a estratosfera, que, inicialmente, tem uma região de cerca de 10 quilômetros de altura, na qual a temperatura permanece mais ou menos uniforme. A seguir, devido à absorção de radiação pelo ciclo do ozônio, ocorre uma elevação gradual da temperatura do ar, que atinge 0 grau Celsius no topo da estratosfera, "estratopausa".

Além da estratopausa estende-se a mesosfera, a partir da qual há novamente um decréscimo de temperatura. Acima da mesosfera fica a termosfera, que apresenta temperaturas progressivamente mais elevadas. A atmosfera praticamente não possui limites superiores, pois os gases vão se diluindo até atingir o espaço interplanetário. Para se ter uma idéia da diluição da atmosfera, basta citar que a 100 quilômetros de altitude a sua densidade corresponde a um milionésimo da existente ao nível do mar.

A variação horizontal das temperaturas (ao longo dos meridianos e paralelos da Terra, da linha do equador às regiões polares) depende da incidência dos raios solares sobre as regiões do planeta. Como o eixo de rotação da Terra é inclinado em relação ao plano de sua órbita, o ângulo dos raios solares em relação à superfície terrestre varia de acordo com as latitudes (observe na figura 30 a inclinação dos raios solares que incidem nos hemisférios da Terra nas várias estações). Nas regiões polares o ângulo é bastante acentuado; por isso os raios solares têm de atravessar camadas de ar mais espessas e atingem a superfície terrestre com menores quantidades de energia térmica. Nas regiões equatoriais ocorre uma incidência de radiação solar mais vertical, o que determina menor espessura da atmosfera a ser atravessada, maior quantidade de calor que chega ao solo e, conseqüentemente, temperaturas do ar mais elevadas.

Outro fator importante para o aquecimento diferenciado da atmosfera reside na natureza da superfície sobre a qual incide a radiação solar, pois, como já vimos, essa superfície acaba transmitindo calor para a atmosfera sobrejacente. O fato de ela ser aquosa (lagos, mares, oceanos) dificulta o aquecimento, devido a uma característica física da água: a sua elevada capacidade calorífica específica (quantidade de calor necessária para elevar de um grau Celsius um grama de determinada substância). As massas de água demoram mais tempo tanto para serem aquecidas quanto para serem resfriadas; então, à noite, promovem o aquecimento da atmosfera durante um intervalo de tempo maior, em relação ao pôr-do-sol.

Já as superfícies continentais são aquecidas mais rapidamente durante o dia e se resfriam também mais rapidamente à noite. O resultado global é um aquecimento diferenciado durante os períodos do dia. Dentro dos continentes, essa ação varia muito de acordo com características locais: desertos, regiões montanhosas, regiões cobertas por gelo, zonas revestidas por florestas, áreas de solo preparadas para o cultivo de plantas etc.

Assim como a Terra, também a atmosfera está constantemente recebendo e perdendo energia solar. Essa energia é usada na movimentação do ar, na agitação das ondas, na formação de correntes marítimas, na ação química da fotossíntese, na formação de pigmentos na pele dos seres humanos e de outros animais, e na evaporação da água durante o ciclo hidrológico. O que sobra de todo esse dispêndio de energia retorna ao espaço sob a forma de radiação terrestre.

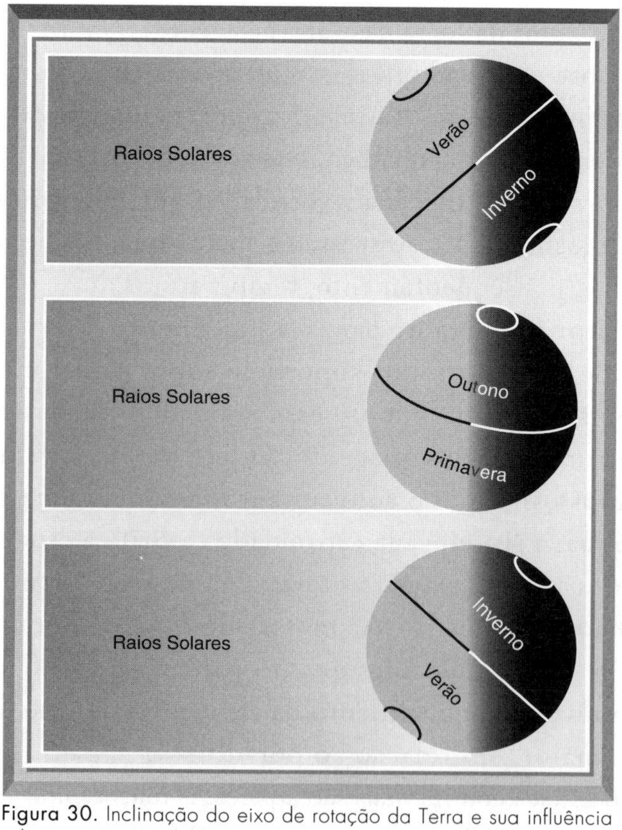

Figura 30. Inclinação do eixo de rotação da Terra e sua influência sobre as estações do ano.

Vapor d'água, nuvens e chuvas

O vapor d'água não pode ser considerado um componente normal da atmosfera, pois, por definição, a composição atmosférica refere-se a ar seco e limpo. Entretanto é uma constatação que o ar sempre contém certa quantidade de vapor d'água.

Do ponto de vista meteorológico ou climatológico, esse vapor comunica ao ar uma propriedade bastante importante: a sua umidade. O teor de umidade do ar é medido, geralmente, como umidade relativa ou como umidade absoluta. Vamos entender o significado dessas grandezas.

A umidade relativa indica a razão (expressa porcentualmente) entre a quantidade efetiva de vapor no ar e a quantidade máxima de vapor d'água que a mesma quantidade de ar poderia conter se estivesse saturada dessa substância (em determinada temperatura). Ela representa, portanto, o grau de saturação em vapor d'água de determinada massa ou volume de ar. Em geral a umidade relativa é medida, indiretamente, pela diferença de temperaturas lidas em dois termômetros colocados lado a lado, mas com os seus bulbos em diferentes condições: num deles, o bulbo fica exposto diretamente ao ar e, no outro, mantém-se úmido por meio de um envoltório adequado ligado a um reservatório de água. O termômetro de bulbo úmido registra temperatura inferior ao primeiro, pois está ocorrendo a evaporação da umidade, processo que envolve absorção de calor e, conseqüentemente, causa o abaixamento da temperatura. Quanto mais seco estiver o ar, maior será a evaporação e, portanto, maior será a diferença entre as temperaturas lidas. Tabelas de dados previamente calculados permitem transformar essa diferença em porcentagem de umidade, que, nesse caso, corresponde à umidade relativa.

A umidade absoluta indica a pressão parcial exercida pelo vapor d'água presente na atmosfera, enquanto componente da pressão atmosférica resultante do conjunto dos seus gases. Seu cálculo é mais complicado, exigindo tabelas mais elaboradas. A umidade absoluta também pode ser referida como a massa de vapor d'água existente em certo volume de ar (1 metro cúbico, por exemplo).

Outro elemento de cálculo climatológico relacionado com a umidade do ar é o chamado "ponto de orvalho". Corresponde à temperatura de resfriamento do ar úmido (a pressão constante), para que ele se torne saturado pelo vapor d'água. Se determinada massa de ar (com certo teor de umidade) é resfriada, ela se aproxima do ponto de saturação; caso a sua temperatura atinja o ponto de orvalho, a umidade eventualmente se condensa sob a forma de gotículas de água. Isso pode acontecer sobre superfícies resfriadas, resultando no orvalho. Quando as camadas de ar estão a temperatura muito baixa, essas gotículas transformam-se em gelo, originando a geada. Se o resfriamento da massa de ar ocorreu em altitudes razoáveis, formam-se então as nuvens. Fato semelhante explica, por exemplo, o "suor" das garrafas de cerveja ou dos copos com água gelada: os recipientes cujas superfícies externas estejam bastante frias condensam a umidade do ar, molhando-se externamente.

A distribuição da umidade na atmosfera varia tanto no sentido horizontal como no vertical. De acordo com a presença mais ou menos abundante de corpos de água ou de vegetação, a evaporação do líquido pode prover diferentes graus de umidade. E a umidade, associada à temperatura do ar, provê condições para diferentes tipos de climas, formação de determinadas coberturas vegetais, e mesmo nos dá a sensação de maior ou menor conforto climático.

A condensação do vapor d'água contido na atmosfera ocorre, como já vimos, quando o ar está saturado ou quase saturado em relação a esse componente. Tal condensação é facilitada pelos núcleos higroscópicos (partículas capazes de causar a condensação do vapor d'água sobre elas). Sem tais núcleos só há condensação com taxas de umidade relativa acima de 97%; se existirem os núcleos adequados, ela pode ocorrer em valores mais baixos. Alguns produtos de combustões ou de atividades humanas são excelentes núcleos de condensação, como o trióxido de enxofre (SO_3), o cloreto de sódio (NaCl) proveniente de gotículas liberadas na movimentação de ondas do oceano e outros.

Quando aquecido pela ação do calor irradiado pela crosta terrestre, o ar sobe devido à diminuição da sua densidade. Ao ascender, ele sofre uma expansão que leva ao seu resfriamento, podendo atingir temperaturas que determinam a sua saturação ou quase saturação. Se existirem núcleos de condensação ou outras condições adequadas, o vapor d'água se condensará em gotículas que ficam suspensas na atmosfera, dando origem aos chamados "fenômenos meteorológicos aquosos": nuvens, nevoeiros, neblinas, chuvas, neve, granizo etc.

Como as chuvas são medidas: pluviometria

O equipamento que mede a quantidade de chuva caída num local chama-se "pluviômetro". Trata-se de um reservatório no qual a chuva é recolhida, sob condições bem determinadas, e depois medida por meio de um cilindro graduado, que indica a sua quantidade em milímetros de chuva. Assim, a referência a uma chuva de 50 milímetros significa que, se a água provinda dessa chuva permanecesse sobre o terreno (sem evaporar, escorrer ou se infiltrar), ela formaria uma camada de água com a espessura de 50 milímetros, isto é, 5 centímetros.

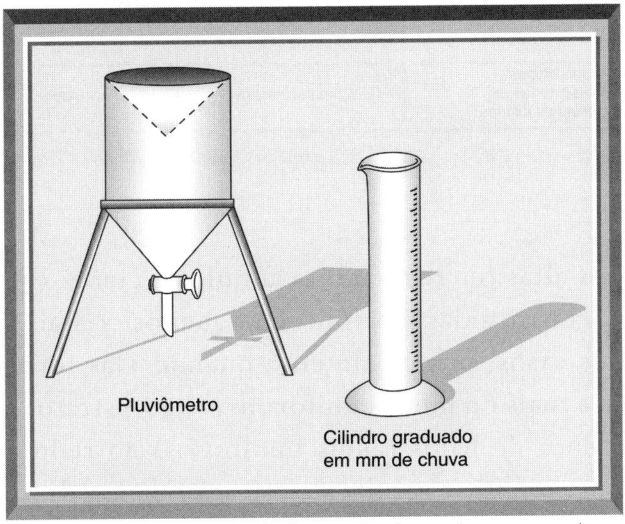

Figura 31. Pluviômetro e cilindro graduado usados para medir a quantidade de chuva num dado local.

A acumulação de grandes massas de gotículas de água suspensas pela turbulência do ar leva à formação das nuvens. Embora possam assumir um número praticamente infinito de formas, as nuvens são classificadas em grupos, de acordo com sua aparência geral (veja a figura 32) e altitude em que aparecem (veja a tabela a seguir). Essa classificação é, em grande parte, decorrente das propostas de um meteorologista amador inglês, Luke Howard (1772-1864), feitas no início do século XIX. Para classificar as nuvens, Howard usou palavras latinas que deveriam dar um sentido descritivo às características de cada tipo de nuvem: *cirrus* (fibra ou cabelo), *cumulus* (amontoado ou pilha), *stratus* (camada ou lâmina) e *nimbus* (nuvem).

CLASSIFICAÇÃO INTERNACIONAL DAS NUVENS

	Nome	Símbolo
Nuvens a altas altitudes (com bases acima de 6 km)	Cirros	Ci
	Cirros-cúmulos	Cc
	Cirros-estratos	Cs
Nuvens a médias altitudes (com bases entre 2 km e 6 km)	Altos-cúmulos	Ac
	Altos-estratos	As
	Nimbos-estratos	Ns
Nuvens a baixas altitudes (com bases abaixo de 2 km)	Estratos-cúmulos	Sc
	Estratos	St
	Cúmulos	Cu
Nuvens multialtitudes (estendem-se ao longo das três faixas de altitude)	Cúmulos-nimbos	Cb

As nuvens altas (cirros, cirros-cúmulos e cirros-estratos), muitas vezes, são constituídas por finos e pequenos cristais de água congelada. Nesses casos, principalmente quando elas formam uma camada extensa e mais ou menos uniforme (cirro-estrato), pode-se observar a presença de halos (anéis luminosos) ao redor do Sol e da Lua. O fenômeno óptico resulta da refração da luz desses astros nos cristais de gelo das nuvens.

As nuvens do tipo "nimbo-estrato" aparecem como camadas densas e sem forma definida, de onde geralmente se precipitam chuvas contínuas. Os cúmulos, devido a turbulências no seu interior, apresentam o topo em forma de cúpulas e estruturas chamadas de "couve-flor"; a sua base é horizontal, e eles se formam principalmente à tarde, em decorrência do aquecimento do solo e subseqüente evaporação da água que o umedece. Já os estratos são camadas uniformes e baixas de nuvens semelhantes a um nevoeiro espesso que não repousa sobre o solo.

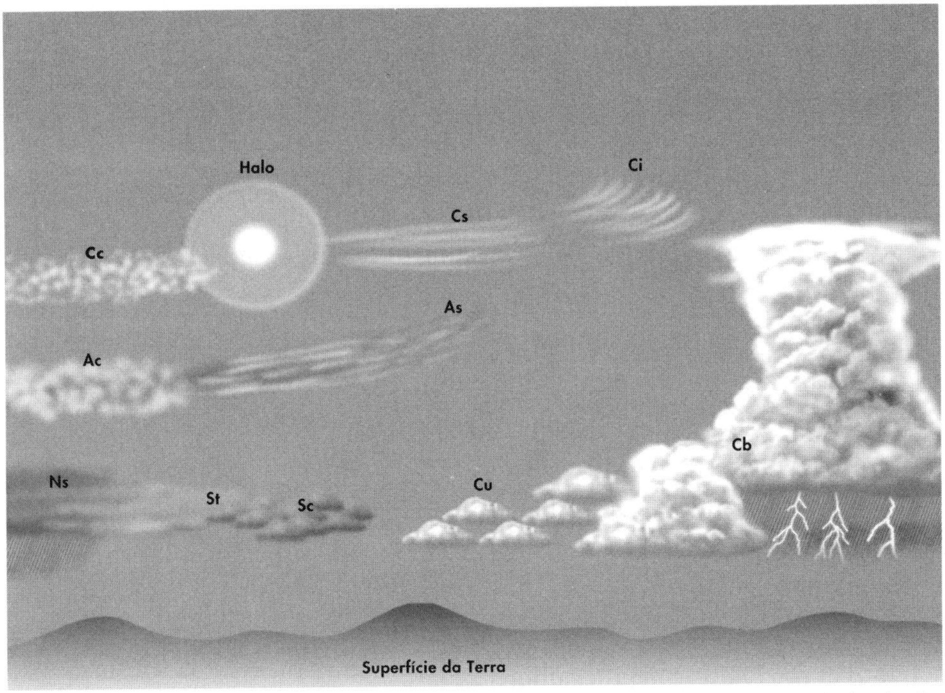

Figura 32. Diferentes tipos de nuvens, identificados por seus símbolos (veja página anterior), distribuídos de acordo com as altitudes típicas para suas bases.

Se há evaporação intensa e calor muito elevado, os cúmulos podem evoluir para os cúmulos-nimbos. Estes formam compactas massas de nuvens com grande projeção vertical: a base situa-se a poucas centenas de metros acima da superfície da Terra, mas o topo eleva-se a até 10 mil metros de altitude. Como a grande espessura dos cúmulos-nimbos oculta a luz do Sol, sua base apresenta-se escura, e a massa de gotículas de água armazena uma enorme quantidade de energia, que se transforma em potentes turbilhões internos.

Em geral, as chuvas que se precipitam dessas nuvens são violentas e acompanhadas de rajadas de vento. Quando há condições energéticas suficientes, os turbilhões internos elevam as gotículas de água a grandes altitudes dentro das nuvens, atingindo pontos que registram temperatura inferior a 0 grau Celsius. As gotículas podem, então, congelar-se, aumentar de tamanho por adição de novas camadas congeladas e desabar sob a forma de granizo ou chuva de pedra. Dadas as violentas turbulências, essas nuvens representam um sério perigo para a navegação aérea – os pilotos de aeronaves precisam evitá-las, desviando a sua rota.

Grandes formações de nuvens costumam dar origem a cargas elétricas diferentes em pontos distintos da massa de gotículas. Quando a diferença de potencial elétrico entre os pontos alcança valores elevados, podem ocorrer descargas elétricas dentro das nuvens ou entre elas e o solo, desencadeando os relâmpagos e raios. Muitas vezes esses fenômenos elétricos levam à produção de reações químicas entre os componentes do ar, surgindo daí substâncias estranhas à sua composição normal.

As nuvens envolvem grande parte da superfície da Terra e representam papel importante no balanço energético do planeta. Elas refletem para o espaço parte significativa (19%) da radiação solar incidente e impedem que outra porção (5%) dessa radiação atinja a superfície terrestre. Por outro lado, também refletem de volta à superfície da Terra parte da energia por esta irradiada.

Ar em movimento: ventos

A compreensão dos movimentos de massas de ar, quer no sentido horizontal quer no vertical, implica algum conhecimento acerca das propriedades dos gases. Afinal, essencialmente, a atmosfera nada mais é do que uma mistura gasosa (na acepção de ar seco e limpo).

Sabemos que os gases exercem uma pressão sobre as paredes dos recipientes que os contêm. Podemos imaginar que a atmosfera está envolvendo um recipiente cuja parede corresponde à superfície da Terra. Realmente, aí é exercida uma certa pressão – a chamada "pressão atmosférica".

Também sabemos que o aquecimento de certa quantidade de gás, a pressão constante, provoca uma dilatação dessa massa gasosa, aumentando o seu volume. A partir daí, podemos compreender que, mantida a massa constante, o aumento do volume do ar determinará uma diminuição de sua densidade. Isso traz como conseqüência uma diminuição da pressão exercida pelo gás (no caso, o ar atmosférico).

Estão montadas as bases físicas para a compreensão da origem dos ventos. A figura 33 mostra um esquema geral de circulação da atmosfera entre uma região fria e uma quente.

Em termos de pressão, o ar se desloca sempre de uma região de maior pressão para outra de menor pressão. Nas regiões polares, o ar é frio, mais denso e exerce maior pressão; nas regiões equatoriais, ele é mais quente, menos denso e exerce menor pressão. Essas condições fazem com que se estabeleça um fluxo inferior (dos pólos em relação ao equador) e superior (do equador para os pólos). Não se trata de um processo tão simples, pois o fenômeno é perturbado por condições gerais de relevo, natureza da superfície sobre a qual o ar se movimenta, regiões intermediárias de altas e baixas pressões e, também, pelo movimento de rotação da Terra.

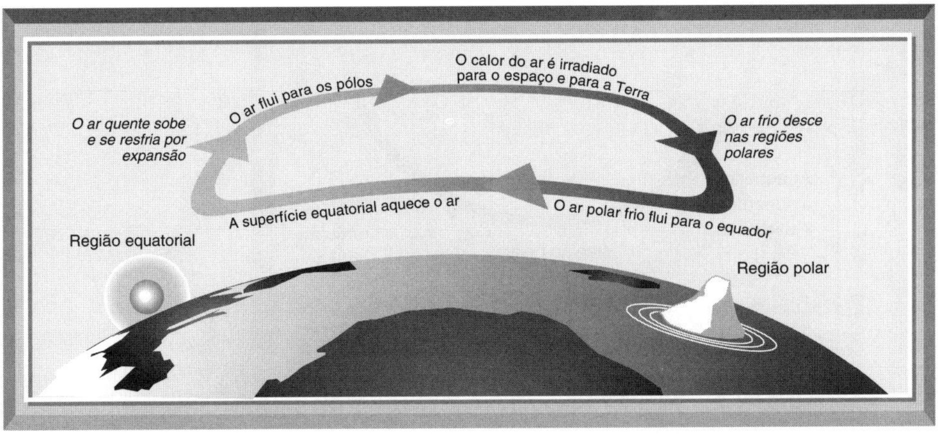

Figura 33. Esquema da movimentação vertical do ar entre as regiões polares e equatoriais.

Se considerarmos a circulação num plano paralelo à superfície da Terra, o movimento do ar ocorrerá num esquema semelhante ao mostrado na figura 34.

O veículo motor do ar ao longo da superfície da Terra é o gradiente de pressão atmosférica, isto é, a diferença entre os valores dessa pressão em pontos diferentes da superfície considerada. Se unirmos os vários pontos da superfície que têm a mesma pressão atmosférica, estaremos traçando uma linha isobárica (do grego *iso*, "igual", e *baros*, "pressão"). A figura 35 ilustra uma situação hipotética, em que várias linhas isobáricas representam um gradiente de pressão.

No seio de uma massa de ar podem surgir movimentos locais, gerando ventos ascendentes ou descendentes ligados à natureza da superfície subja-

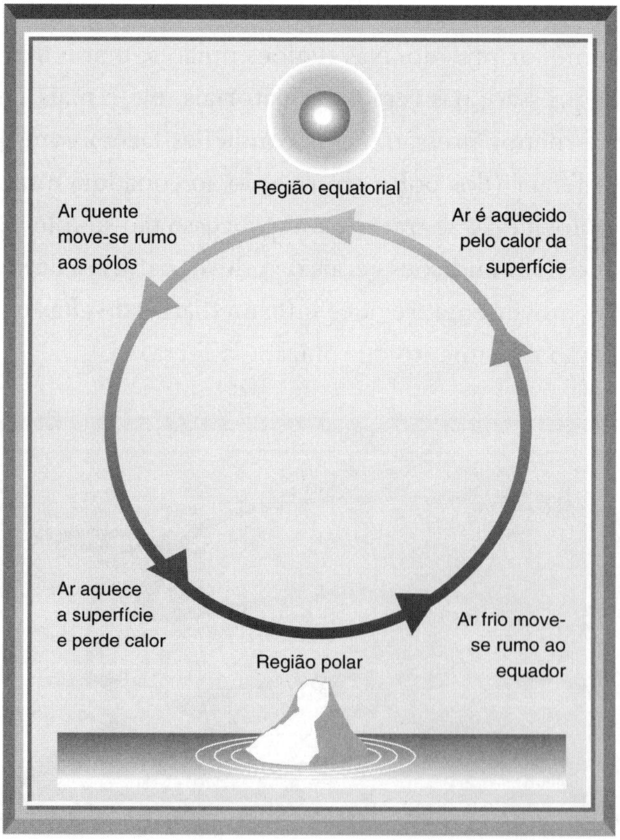

Figura 34. Esquema da movimentação horizontal do ar entre as regiões polares e equatoriais.

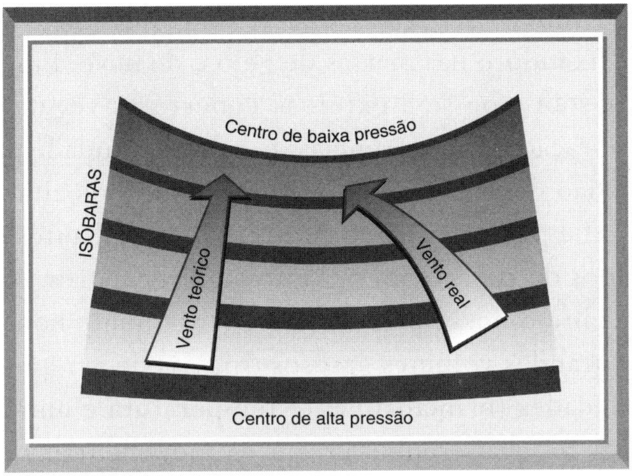

Figura 35. Orientações teórica e real dos ventos, segundo as isóbaras (no hemisfério sul).

cente, à presença de nuvens, encostas de montanhas e muitos outros fatores. Tais movimentos costumam provocar bruscas elevações ou depressões na linha de vôo de uma aeronave. As correntes descendentes são os famosos "vácuos", tão desconfortáveis para os passageiros de aeronaves. Já as correntes ascendentes – as chamadas "térmicas", no linguajar técnico – são aproveitadas pelos esportistas amantes dos vôos a vela (planadores, asas-delta). As aves de grande envergadura utilizam essas correntes, instintivamente, para fazer planeios durante os quais observam o solo à busca de alimentos.

Todos os ventos locais (terral, monções, de encostas etc.) resultam de aquecimentos diferenciados de massas de ar e da subseqüente formação de um gradiente de pressão atmosférica, que provoca o deslocamento das massas de ar, sempre dos centros de maior para os de menor pressão.

Massas de ar, frentes, ciclones e anticiclones

A atmosfera repousa, por efeito gravitacional, sobre a superfície terrestre, que se apresenta heterogênea, dividida em amplas regiões com características físicas bem diferentes. Nos pólos, a atmosfera recobre grandes superfícies frias, capazes de condensar o vapor d'água atmosférico, fixando-o nas massas de gelo e de neve. Em uma floresta tropical, o ar sobrepõe-se a extensas coberturas vegetais, com altas taxas de evaporação e transferências de calor e umidade para o ar. Já o ar de uma região desértica adquire propriedades de alta temperatura (durante o dia) e pouca umidade. Processos semelhantes ocorrem sobre outros tipos de superfícies oceânicas ou terrestres. Assim a massa de ar que recobre o nosso planeta não é fisicamente homogênea, mas formada por grandes volumes gasosos (massas de ar) que incorporam certas propriedades (principalmente temperatura e umidade) das superfícies sobre as quais repousam ou se movimentam. Essas massas recebem nomes que lembram as superfícies recobertas e que as geraram. De interesse para a América do Sul, existem as massas Polar Atlântica, Polar Pacífica, Tropical Atlântica, Tropical Pacífica, Equatorial Atlântica, Equatorial Continental e Equatorial Pacífica. Considerando-se as regiões cobertas por essas massas e sua situação no contexto das regiões climáticas gerais da Terra, é fácil concluir quais as suas propriedades de temperatura e umidade.

Obedecendo aos gradientes de pressão atmosférica, essas massas de ar movem-se, exercendo pressão umas sobre as outras. Quando uma massa de ar frio se desloca empurrando uma de ar quente, forma-se uma superfície de separação entre as duas – trata-se de uma frente fria. Quando, ao contrário, o ar quente empurra a massa de ar frio, tem-se uma frente quente. Associadas a essas frentes, ocorrem formações típicas de nuvens, geralmente acompanhadas de chuvas, trovoadas etc. São as linhas de instabilidade.

A linha longitudinal de encontro entre duas massas de ar gera regiões de baixa ou de alta pressão atmosférica, que determinam o aparecimento de ventos que comunicam um aspecto ondulado às superfícies dessas massas. As linhas de instabilidade relacionadas às frentes frias geralmente são pouco largas, registrando cerca de 100 quilômetros. O mesmo não acontece com as instabilidades associadas às frentes quentes, que chegam a atingir até 1 mil quilômetros.

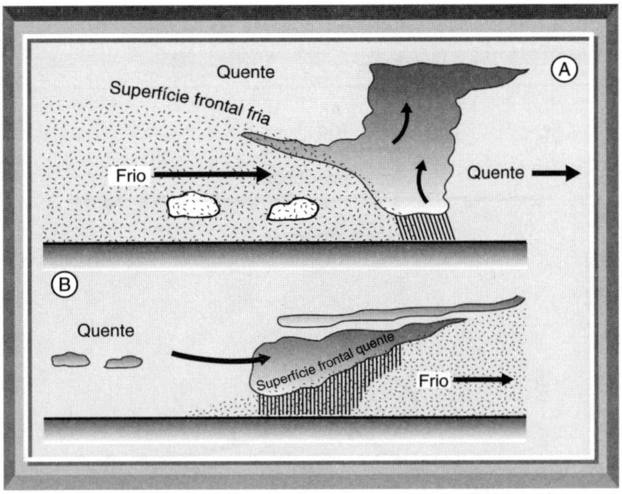

Figura 36. Corte vertical de uma frente fria (A) e de uma frente quente (B), mostrando as nuvens associadas e as zonas de precipitação.

O movimento ondulatório da interface entre as massas quente e fria provoca o encurvamento das isóbaras e a formação de centros de alta ou baixa pressão atmosférica. A figura 37 mostra o estágio inicial desse processo.

O estágio subseqüente leva à formação de conjuntos concêntricos de linhas isobáricas, evoluindo, conforme o caso, para regiões de maiores pressões ou de menores pressões na parte central. Estabelecido um centro de baixa pressão, os ventos convergirão para ele, vindos da periferia, formando um ciclone. Se, ao contrário, o centro for de alta pressão, os ventos divergirão do centro para a periferia, dando origem a um anticiclone.

Os centros ciclônicos e anticiclônicos têm grande influência no regime climático de grandes regiões da superfície do planeta. Muito importante para o clima do Brasil é o centro anticiclônico situado no Atlântico Sul. As imagens da Terra obtidas por satélites mostram freqüentemente esses padrões espiralados de nuvens associados a tais centros de alta ou baixa pressão.

Às vezes os centros ciclônicos e anticiclônicos adquirem uma energia tão grande que podem gerar tempestades muito violentas, com grande prejuízo para a vida, causando principalmente danos materiais. São bem conhecidos os ciclones e anticiclones que afetam as regiões sul e sudeste

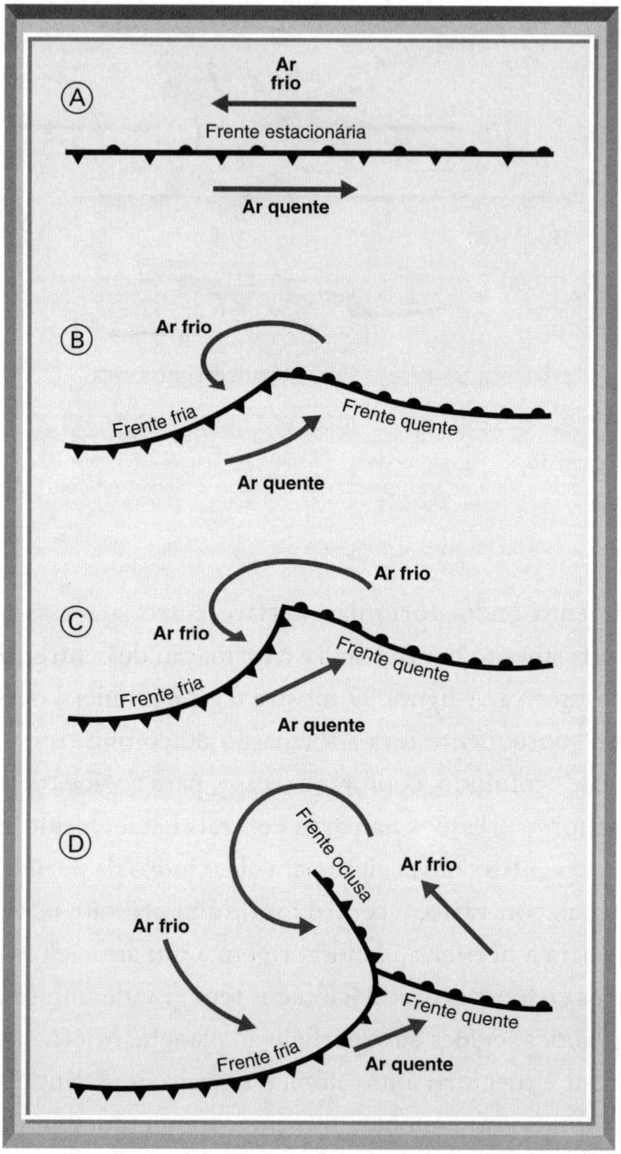

Figura 37. Desenvolvimento de um ciclone associado a uma frente: inicialmente existe uma frente estacionária (A); a pressão cai, o ar ciclônico começa a se movimentar ao longo da frente, acompanhado por uma deformação em forma de onda (B); a deformação aumenta (C); finalmente, a frente fria avança sobre a frente quente, resultando daí uma frente oclusa (D).

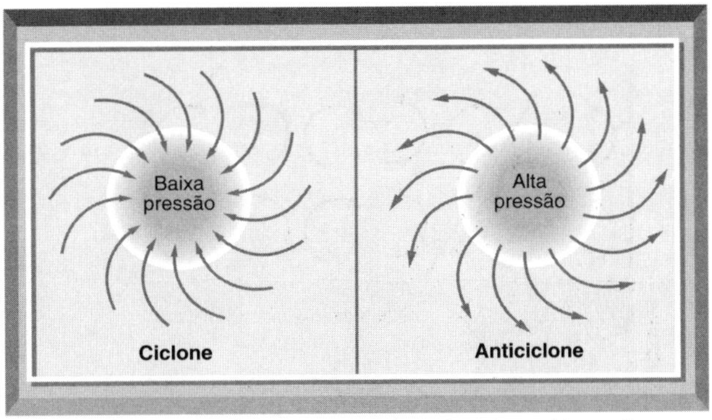

Figura 38. Centros ciclônico e anticiclônico no hemisfério sul, com a indicação da direção dos ventos.

dos Estados Unidos. Formados na faixa equatorial norte, eles se originam geralmente nas costas da África, atravessam o Atlântico, o Caribe e penetram no território norte-americano, dissipando-se no seu interior.

Figura 39. Furacão no hemisfério norte. A foto, obtida pelo ônibus espacial *Discovery*, em 2 de setembro de 1985, revela a forma espiralada das nuvens, típica, neste caso, de um ciclone.

A inversão térmica: um tipo peculiar de massa de ar

Já vimos que, à medida que se atingem altitudes mais elevadas na troposfera, a temperatura do ar tende a ser mais baixa: isso decorre do distanciamento em relação à superfície da Terra, a grande irradiadora de calor. Porém, em certas situações especiais (principalmente no inverno e em cer-

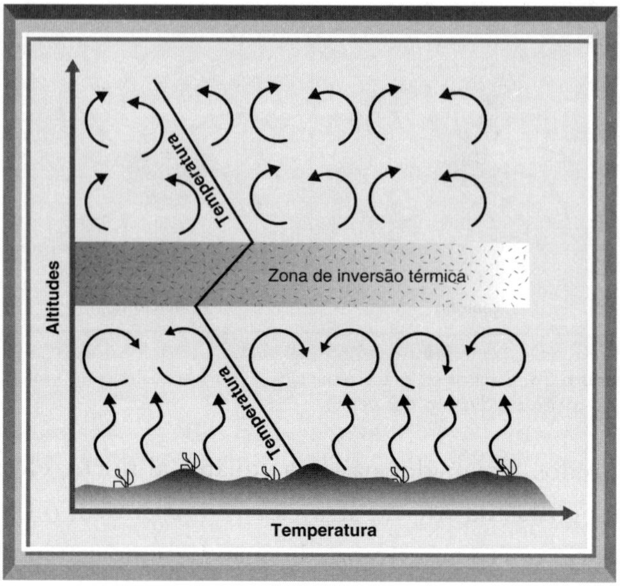

Figura 40. Perfil de variação da temperatura com a altitude, em uma situação de inversão térmica.

tos vales), a partir de determinada altitude relativamente baixa – ou seja, da ordem de poucas centenas de metros – pode ocorrer uma inversão nessa tendência de variação da temperatura. Nessa região a temperatura, ao invés de continuar abaixando, começa a se elevar, voltando a diminuir em seguida. A figura 38 ilustra essa situação e suas conseqüências.

Essa zona de inversão térmica consiste, portanto, em uma camada de ar mais quente que a subjacente, e, devido à sua grande estabilidade, forma uma espécie de tampa gasosa que impede a troca de componentes entre a camada de ar abaixo dela e a que está acima. O resultado é o aprisionamento, junto à superfície da Terra, de certa massa de ar que vai acumulando substâncias (gasosas ou não), alterando aos poucos a sua composição. Caso o fenômeno ocorra sobre uma cidade ou área industrial, as substâncias daí provindas não se difundem para as camadas superiores, aumentando então o seu teor, que pode alcançar níveis prejudiciais à saúde e à vida. Na região da cidade de São Paulo, principalmente no inverno, não é incomum a ocorrência de inversões térmicas, com seus perniciosos efeitos para a população, tais como problemas respiratórios que atingem principalmente crianças e idosos.

Figura 41. Inversão térmica sobre a cidade de São Paulo.

Tempo, clima e suas mudanças

As palavras "tempo" e "clima" possuem significados bem diferentes do ponto de vista da meteorologia. Chama-se "tempo" às condições da atmosfera em determinado momento, incluindo-se a pressão atmosférica, a temperatura, a umidade do ar, o estado do céu, a ocorrência ou não de precipitação, a direção e a velocidade do vento. A característica mais notável do tempo é a possibilidade de apresentar alterações em curtos períodos. Essas mudanças podem se dar no transcorrer do dia ou da noite, durante a sucessão das estações, ou mesmo pela passagem de sistemas de nuvens ou de frentes frias ou quentes. Quem ainda não foi apanhado de surpresa por um aguaceiro tropical ou não carregou um guarda-chuva inútil durante um dia ensolarado?

A sucessão e a distribuição média das condições de tempo em um dado local constituem o que se chama "clima" dessa região. Os elementos que caracterizam o tempo são medidos e registrados em horários preestabelecidos, em várias estações ou postos meteorológicos; depois, os valores coletados são trabalhados matematicamente, abrangendo certo período de tempo, dando origem a informações que definem o clima.

Existem vários sistemas para classificar o clima. Muitas vezes isso se torna importante para avaliar a probabilidade de sucesso na agricultura e no pastoreio, para orientar a implantação de empreendimentos industriais e técnicas de construção civil, envolvendo desde considerações relativas a habitações unifamiliares até as referentes a grandes edifícios residenciais ou estruturas de usinas hidroelétricas.

Em razão da complexidade de fatores que determinam o tempo e da sua grande probabilidade de variar dentro de breves períodos (especialmente nos trópicos), a previsão do tempo, muitas vezes, ainda deixa a desejar. Mas a sua precisão vem aumentando, a partir do momento em que os meteorologistas passaram a dispor de maior número de informações provenientes de amplas regiões da superfície da Terra. A implantação de novas tecnologias na coleta, transmissão e interpretação de dados (satélites e radares meteorológicos, supercomputadores etc.) também tem ampliado as possibilidades de se chegar a uma melhor previsão do tempo.

Sem dúvida, a variação do tempo e as condições de clima interessam ao cidadão comum e às atividades empresariais. Não menos interessante, entretanto, é o conhecimento acerca das variações de clima durante a história da Terra ou resultantes de fenômenos geológicos ocasionais. Contando com evidências paleontológicas, geológicas, arqueológicas e com o auxílio de recursos de alta tecnologia, os climatologistas já puderam reconstituir o clima de nosso planeta no último milhão de anos e, de forma mais ou menos aproximada, nos últimos 60 milhões de anos.

Entre os fatores que podem ter determinado grandes alterações climáticas, vale citar:

a) a variação da posição dos pólos geográficos da Terra;
b) a migração das placas continentais;
c) a modificação do relevo terrestre pela flutuação do nível dos oceanos;
d) a elevação de grandes cadeias montanhosas.

A presença de formações geológicas glaciais e associadas a geleiras mostra que, em algumas regiões hoje de clima temperado, já existiram condições de clima polar. De todas as modificações climáticas, talvez as mais conhecidas sejam aquelas ligadas aos chamados "períodos glaciais da Terra", quando a calota polar do hemisfério norte avançou rumo ao equador, provocando um clima polar em amplas regiões da América do Norte, da Europa e da Ásia. Tais períodos glaciais ocorreram quando o homem já ocupava parte de todo esse território, e, possivelmente, o clima inóspito desempenhou um papel marcante na evolução da espécie humana e no estabelecimento de padrões culturais.

Fatos excepcionais podem ter provocado profundas alterações no clima da Terra, gerando conseqüências por vezes nocivas para a vida. Uma das hipóteses para explicar a extinção dos dinossauros, por exemplo, foi a queda de um grande meteorito: o impacto com a superfície da Terra teria produzido a pulverização do meteorito e das rochas contra as quais ele se chocou. Como resultado, extensa e espessa nuvem de pó teria invadido a atmosfera e bloqueado a luz solar, alterando a fotossíntese, determinando mudanças na flora e, talvez, trazendo conseqüências nocivas para o próprio metabolismo dos dinossauros.

Atualmente são conhecidos alguns casos de alterações climáticas geradas por fatores naturais. Mediante o estudo cuidadoso de erupções vulcânicas recentes, chegou-se, por exemplo, a conclusões interessantes sobre a ação da entrada na atmosfera de grandes volumes de gases e poeiras. Em abril de 1982, o vulcão mexicano El Chichón lançou para a alta atmosfera enormes volumes de dióxido de enxofre (SO_2). Esse gás, que se espalhou lentamente ao longo da região equatorial, sofreu reações químicas, transformando-se em ácido sulfúrico. As gotículas do ácido permaneceram suspensas na atmosfera, interagindo com a radiação solar, e provocaram um resfriamento geral do hemisfério norte, manifestado sob a forma de grandes nevascas no continente americano e no europeu. Fato semelhante ocorreu após a erupção do vulcão Pinatubo, nas Filipinas. Tempestades e mau tempo generalizado, no hemisfério norte, foram as conseqüências da emissão de enormes volumes de gases e poeiras para a atmosfera.

Uma curiosa e importante interação: El Niño

Os pescadores peruanos convivem com um curioso fenômeno, que ocorre periodicamente nas águas do Oceano Pacífico, prejudicando bastante as suas atividades. As águas da costa oeste da América do Sul são normalmente frias, devido à corrente marítima de Humboldt, que traz as águas frias das regiões polares para as regiões sul-equatorianas. Alguns graus de latitude antes de atingir o equador, essa corrente inflete para oeste e dirige-se para as costas da Austrália e das Ilhas Salomão. Em geral as águas frias são ricas em microrganismos animais e vegetais de vida aquática (plâncton). Esses microrganismos servem de alimento para os peixes, e, conseqüentemente, sua presença equivale a pescaria abundante. Mas, periodicamente, por ocasião das festas natalinas, havia um desvio dessa corrente, que infletia para oeste antes de atingir as costas do Peru. Ao mesmo tempo, ventos provindos de oeste traziam ar quente, que causava um aquecimento anômalo das águas costeiras do Peru. Como resultado ocorria a diminuição da quantidade de plâncton e a queda do rendimento pesqueiro. Como o fenômeno ocorria nas proximidades do Natal, os pescadores o denominaram de El Niño (o Menino, em português).

Com o desenvolvimento da tecnologia aplicada à meteorologia e à previsão do tempo, começou-se a entender a relação entre o El Niño e as alterações do clima da América do Sul, notadamente do Brasil. O aquecimento anômalo das águas do Pacífico influencia de modo bastante evidente as condições de temperatura e umidade das massas de ar que afetam o clima do continente sul-americano. Há a formação de massas de ar com maior acúmulo de energia e de umidade, que acabam bloqueando outras massas, originando extensas zonas frontais com amplas faixas de instabilidade. Os reflexos mais nítidos no território brasileiro são a ocorrência de pesadas e abundantes chuvas na Região Sul (com as decorrentes enchentes) e de secas prolongadas no Nordeste. O fenômeno El Niño tem sido estudado minuciosamente e hoje se admite que a sua ação se estenda a toda a América e atinja até mesmo outros continentes.

A vida interfere no clima

Tanto a afirmação acima como o seu contrário – o clima interfere na vida – são verdadeiras. Embora a segunda frase contenha uma verdade irrefutável, talvez não seja tão espetacular a ponto de as regiões climáticas definirem sistemas próprios da biota. Mas, se pensarmos na construção de grandes reservatórios das usinas hidroelétricas ou na destruição de amplas áreas de florestas, veremos que as ações humanas trazem conseqüências previsíveis sobre a umidade atmosférica, o regime de ventos, a temperatura do ar, enfim, sobre o equilíbrio de trocas gasosas entre as regiões da atmosfera.

É bem conhecido o fato de que as grandes cidades acabam criando um microclima próprio, devido à interação das grandes superfícies de concreto e asfalto com a radiação solar e decorrente emissão de radiação infravermelha. A impermeabilização do solo nas regiões urbanas e circunvizinhanças leva ao aumento da quantidade de água que escoa superficialmente durante as chuvas, o que acarreta a saturação dos sistemas de drenagem, favorecendo a ocorrência de inundações que trazem notáveis prejuízos às propriedades urbanas, à saúde da população e ao tráfego de veículos.

O planejamento adequado das atividades humanas impediria, por exemplo, a implantação de indústrias metalúrgicas em vales sujeitos ao fenômeno de inversão térmica na atmosfera. A própria localização dos centros urbanos ou o sentido de expansão de suas áreas deveria ser objeto de estudo, para evitar conseqüências desastrosas no futuro.

A necessidade desse planejamento gerou, na legislação brasileira, a exigência de se anexar aos projetos de grandes obras o Relatório de Impacto Ambiental, também conhecido pela sigla Rima. Trata-se de um passo inicial no caminho da racionalização, de forma que não prejudique a interação homem-ambiente, desde que essa medida seja sempre efetivamente implementada de modo adequado.

8. A atmosfera a serviço do homem

Como o ar atmosférico é um fluido, ele pode ser comprimido e apresenta resistência ao avanço de corpos que nele se desloquem. Tais propriedades levam ao surgimento e à propagação de ondas sonoras, bem como permitem o vôo de animais e aeronaves. O som é uma das formas mais comuns de comunicação entre os animais, e o vôo, natural ou artificial, facilita seus deslocamentos.

Ao longo do exame dos vários aspectos da atmosfera expostos nos capítulos anteriores, a extraordinária importância da capa gasosa do nosso planeta deve ter ficado bem evidente. A íntima relação entre os seus componentes e a vida torna-se clara quando se compreendem o clima, os fenômenos de respiração e de função clorofiliana, a poluição atmosférica e outras inúmeras interações.

Ainda não foi abordada uma faceta importante da atmosfera: o seu comportamento como um fluido e que, portanto, lhe confere as propriedades inerentes a essa forma de apresentação da matéria. Entre tais propriedades estão a compressibilidade e a resistência ao avanço de corpos que nela se desloquem, características que permitem, respectivamente, a geração e a propagação do som e o surgimento de forças que viabilizam o vôo.

Um mundo de vibrações sonoras

Outro aspecto da interação da atmosfera com os seres vivos, notadamente com o ser humano, resulta do fato de a humanidade e grande parte dos animais viverem mergulhados num oceano gasoso que é percorrido por ondas resultantes de vibrações, que dão origem às sensações sonoras. Vivemos envoltos em sons e ruídos: ruído do tráfego urbano, ruídos de máquinas e equipamentos em funcionamento, ruídos de animais, sons e ruídos resultantes de advertências, sons de fenômenos naturais e, sobretudo, sons articulados da voz humana, nosso melhor mecanismo de comunicação.

◆ Origem e propagação dos sons

O som origina-se de vibrações de cordas esticadas, lâminas e outros objetos vibrantes. As oscilações devem ocorrer num meio elástico (como o ar), que fica sujeito a compressões e descompressões pelo movimento de vaivém do vibrador. Esse movimento alternado de compressões e rarefações passa de uma camada do meio elástico para outra vizinha – e assim sucessivamente –, de modo que a vibração seja transmitida de um ponto para outro do meio elástico. Tais ondulações podem se assemelhar às que percorrem uma superfície líquida (de um lago, por exemplo), quando sobre ela se arremessa um objeto qualquer.

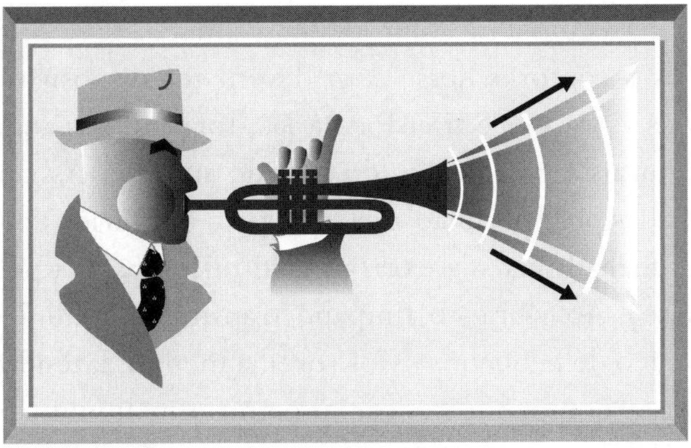

Figura 42. Propagação do som através do ar.

Portanto, a transmissão do movimento vibratório exige um meio elástico, que pode ser um sólido, um líquido ou um gás. Quando atingem o nosso aparelho auditivo, essas ondulações geram, por meio de um mecanismo complexo, a sensação de som. As primeiras constatações sobre a necessidade de um meio elástico para a propagação do som foram feitas pelo químico irlandês Robert Boyle (meados do século XVII) e, mais tarde, pelo físico inglês Francis Hawksbee (1705): ambos verificaram que o som não se transmitia no vácuo.

É fácil supor que em outros planetas a propagação dos sons sofre fortes influências de suas atmosferas. Assim, a transmissão deve ser muito deficiente em Marte, dada a rarefação da atmosfera marciana, ao passo que o ruído das erupções dos vulcões em Vênus é facilmente transportado pela sua densa atmosfera.

Na Terra, a velocidade de propagação dos sons depende de condições locais, entre as quais a temperatura do ar que influencia a sua densidade (e elasticidade). A 20 graus Celsius, a velocidade do som em nossa atmosfera é de 340 metros por segundo. Todos os tipos de sons, graves ou agudos, fracos ou fortes, possuem a mesma velocidade de propagação. Se assim não fosse, os sons dos vários instrumentos de uma orquestra chegariam aos nossos ouvidos como uma verdadeira confusão de sons e ruídos.

◆ Receptores de sons

Se um objeto em vibração produz um som e este se propaga pelo ar, é claro que os receptores desse som devem ter dispositivos adequados para receber as vibrações e transformá-las, tornando-as audíveis. Nossos receptores naturais são os órgãos do sentido auditivo. As vibrações do ar são encaminhadas pelo pavilhão auricular para o interior de um tubo (canal auditivo), fechado na sua extremidade mais afastada por uma membrana (tímpano). Ao vibrar, o tímpano transmite as vibrações para um sistema mecânico de pequenos ossos (orelha média), fazendo vibrar outra membrana; esta comprime e descomprime um líquido orgânico que preenche cavidades especiais da orelha interna. Então as vibrações são

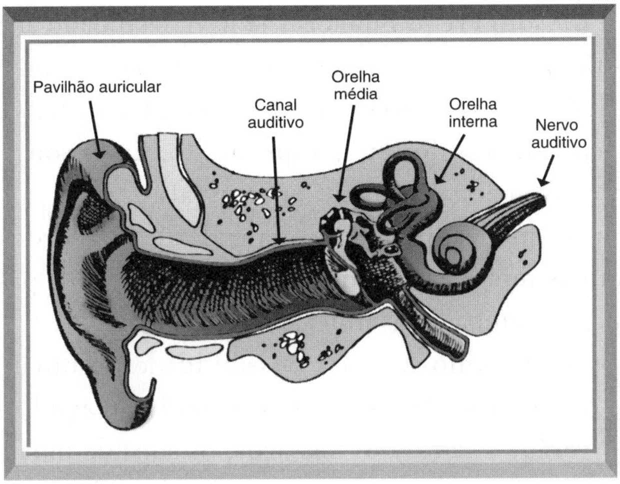

Figura 43. Aparelho auditivo humano.

transformadas em impulsos nervosos, que seguem para uma região especial do cérebro e lá são transformados em sensação auditiva.

Outras vezes o ser humano capta as vibrações e as transmite por equipamentos especiais, criados pela sua inteligência e criatividade. Cornetas acústicas, microfones, tubos e outros dispositivos podem captar os sons e ruídos e encaminhá-los para destinos diferentes, muitas vezes a grandes distâncias do local de origem, como acontece com o telefone, o rádio e os canais de som das televisões. Entretanto, em todos os casos, num ou noutro ponto (transmissor ou receptor) está presente o ar como meio elástico de transmissão das vibrações.

◆ Caracterização do som

Como o som é uma vibração, ele também pode ser caracterizado, entre outras qualidades, por uma freqüência, ou seja, um número de vibrações por unidade de tempo. No Sistema Internacional de Unidades, o número de ciclos do movimento vibratório por segundo é designado pela unidade hertz (Hz).

Os sons musicais são organizados segundo uma ordem determinada, dependente de suas freqüências. Muitos anos antes da era cristã, o matemático e filósofo grego Pitágoras já havia estudado as vibrações de uma corda esticada, num instrumento musical da época, o monocórdio. Encontrou então curiosas relações numéricas entre os sons emitidos por essa corda, dependentes do seu comprimento. Esses sons, organizados numa ordem convencional, constituem a escala musical, a base da geração da música. Com eles, podem-se gerar desde os acordes dissonantes de um *rock* até as melodias inesquecíveis dos clássicos, passando pelos sons do *reggae*, do samba e das músicas românticas.

Devemos ao ar atmosférico a possibilidade de ouvir os sinais de advertência, o zumbido das moscas, o estridular agudo das cigarras anunciando o verão, o canto dos pássaros, os sons de uma peça musical ou o estrondo dos trovões numa tempestade tropical. Mas é, sobretudo, graças ao som da voz humana – resultado das maravilhas anatômicas das nossas cordas vocálicas e de nosso senso de audição – que provavelmente conseguimos construir a civilização, a cultura, a ciência e a tecnologia. E, em todos esses momentos, a nossa atmosfera esteve presente, direta ou indiretamente.

O ser humano jovem tem uma capacidade de audição normal situada entre 20 hertz e 20 mil hertz ou 20 quilohertz (20 kHz). À medida que envelhecemos, essa faixa se torna menos ampla. Quando as vibrações que originam os sons têm freqüência muito alta ou muito baixa, elas escapam à sensibilidade dos nossos órgãos de audição. As vibrações de freqüência muito baixa constituem os infra-sons, que, embora inaudíveis aos seres humanos, podem ser captados por certos animais. Assim, por estarem aptos a ouvir sons de baixa freqüência, os cavalos, as ovelhas e outros animais conseguem detectar trovoadas distantes, ruídos que antecedem os terremotos etc.

Por sua vez, as vibrações de freqüência muito alta, também inaudíveis ao ser humano, podem ser percebidas por morcegos, golfinhos, cães etc. Assim, se os apitos que emitem ultra-sons parecem silenciosos para os humanos, o mesmo não ocorre para esses animais. Os morcegos utilizam suas emissões ultra-sônicas (de até 50 quilohertz) para se orientar no escuro durante o vôo e na detecção de obstáculos, ou seja, o animal capta o eco dos sons refletidos pelos obstáculos e, graças às suas extraordinárias capacidades nervosas, localiza a posição e a distância do objeto. O ser humano desenvolveu tecnologicamente um sistema análogo; trata-se do sonar, usado principalmente na marinha para detectar objetos submersos.

◆ Poluição sonora

O desenvolvimento tecnológico tem aumentado muito o nível dos ruídos urbanos e de máquinas, instrumentos de som etc. Isso pode levar a intensidades prejudiciais ao ser humano, afetando seus órgãos sensoriais auditivos e até provocando uma séria diminuição da sua sensibilidade. Tal aumento do nível (e potência) dos ruídos e sons chegou a se caracterizar como uma "poluição sonora" e chamou a atenção do público para uma unidade denominada "decibel" (dB), que serve para medir a potência dos sons, indicando quando eles se tornam nocivos. Assim, o ruído de um avião a jato, que passa sobre o local do observador a uma altura de cerca de 200 metros, corresponde a 92 decibéis e já pode causar problemas na audição, se for persistente.

O combate aos sons nocivos em ambientes envolve medidas como:

a) elaboração de projetos arquitetônicos especiais para diminuir o ruído no interior dos edifícios, bloqueando os ruídos externos;
b) desenvolvimento de novos materiais para revestimentos, com características protetoras contra ruídos;
c) uso de protetores auditivos para quem trabalha em locais de alto nível de ruído;
d) elaboração de legislação específica para evitar a poluição sonora.

Um dispositivo muito comum (e por isso mesmo pouco notado), chamado "silenciador", é acoplado aos canos de escapamento dos veículos movidos a motores de explosão e destina-se a suprimir parte do ruído das explosões que ocorrem nos cilindros. No futuro próximo, o combate à poluição sonora contará com artefatos eletrônicos anti-ruídos, capazes de suprimir certos sons (pela geração de anti-sons), deixando audível apenas aqueles desejados.

◆ O que são decibéis?

A unidade chamada "bel" foi criada para medidas relacionadas à eletricidade e não aos sons. Idealizado por engenheiros, em 1920, o bel destinava-se a medir a atenuação ou enfraquecimento dos sinais elétricos em uma linha telefônica.

A unidade baseou-se numa escala logarítmica. Se a potência inicial de um sinal for designada por P_1 e o sinal recebido e atenuado por P_2, essa atenuação pode ser indicada pela relação P_1/P_2. Converte-se, então, essa relação para seu valor em logaritmo decimal [$\log (P_1/P_2)$], que constitui uma unidade denominada "bel", em homenagem a Alexander Graham Bell (1847-1922), inventor do telefone comum.

Logo se percebeu, entretanto, que o bel era uma unidade muito grande para ser usada na prática, o que levou à decisão de empregar o seu décimo, surgindo assim o decibel [$0,1 \times \log (P_1/P_2)$]. Mais tarde, resolveu-se usar essa mesma unidade para medir a intensidade relativa de dois sons.

Abaixo são indicados alguns níveis de sons relacionados com situações comuns, desde a potência-referência de 1 watt por metro quadrado (0 decibel) até a de 100 trilhões de watts por metro quadrado (140 decibéis).

Nível de som (em decibéis)	Situação
0	limite de audição do ouvido normal
10	início da audibilidade
20	ruído em um estúdio de emissora de rádio em silêncio
30	leve murmúrio ouvido a 5 metros de distância
40	dormitório típico, sem ruídos de TV ou conversação
50	condição de "muito silêncio"
60	ruído de um condicionador de ar a 6 metros de distância
70	ruído típico do tráfego leve de uma autopista
80	som capaz de aborrecer as pessoas
90	ruído de um caminhão pesado passando a 15 metros de distância
100	ruído de um grito forte emitido a 15 metros de distância
110	ruído de uma máquina rebitadeira operando nas proximidades
120	ruído na decolagem de um avião a jato, ouvido a 60 metros
140	ruído gerado por operações de uma esquadrilha de aviões a jato, na ponte de decolagem de um porta-aviões

O homem sonha em voar

O vôo dos animais ou das máquinas construídas pelo homem representa a luta da matéria contra a gravidade terrestre, a qual tende a atrair todas as coisas materiais para o centro do nosso planeta. Assim, caso não seja sustentado por alguma força ou recurso material, qualquer objeto elevado acima da superfície da Terra cai fatalmente, retornando a essa superfície.

A atmosfera, como uma massa gasosa material, possui propriedades físicas que acabam determinando a capacidade de certos animais ou máquinas poderem se elevar acima da superfície terrestre. Uma dessas propriedades essenciais é a de oferecer certa resistência ao avanço dos objetos, fato que implica o pressionamento da massa de ar e o seu escoamento para áreas não ocupadas pelo objeto. Um exemplo bastante simples: quando uma superfície rígida (folha de papelão, pedaço de lata, a própria mão) é agitada, sentimos o vento (ar em movimento) provocado pelo escoamento de uma certa quantidade de ar que foi pressionada.

O vôo animal antecede qualquer tentativa de o homem criar dispositivos ou teorias que permitissem e explicassem o vôo artificial. Talvez o primeiro vôo tenha sido o planeio desajeitado dos *Piterodactilus*, dinossauros dotados de dedos unidos por membranas, capazes de oferecer uma grande superfície de resistência ao ar. Esses estranhos animais podiam se lançar do alto de rochedos e planar por alguma distância, sempre perdendo altura, até tocar o solo em outro local.

Ainda hoje persistem espécies animais dotadas dessa capacidade de planeio: algumas espécies de esquilos (por isso chamados de "voadores"), certos tipos de lêmures, alguns lagartos voadores, a cobra voadora de Bornéu, os peixes-voadores, as raposas voadoras da Austrália e os morcegos (que vão além de simples planeio, realizando um verdadeiro vôo). Todos esses animais possuem membranas que apresentam uma superfície relativamente grande, garantindo assim uma razoável resistência ao avanço no ar; isso permite que a queda se transforme num deslocamento para a frente e para baixo, caracterizando o planeio. O mesmo acontece com o planeio das asas-delta, dos planadores e outros dispositivos criados pelo homem.

◆ O vôo natural de alguns animais

Se o vôo resulta da resistência oferecida pelo ar ao deslocamento de um objeto que nele esteja mergulhado, a natureza acabou dotando certos animais de dispositivos e formas que permitem vencer mais facilmente essa resistência. Fundamentalmente tais dispositivos são as asas, que, agitadas num movimento adequado (geralmente de baixo para cima e vice-versa), criam a possibilidade de gerar uma força ascensional maior que o peso do próprio animal, elevando-o aos ares. Movimentos adequados das penas das asas permitem o direcionamento desse deslocamento.

Nos insetos, as asas vibram com grande velocidade – por exemplo, nos besouros, moscas, mosquitos e gafanhotos –, chegando a gerar ondas acústicas percebidas pelos nossos ouvidos; daí se originam o zumbido das abelhas, o aborrecido e agudo ruído dos pernilongos e o preocupante barulho associado ao vôo das nuvens de gafanhotos. É de se imaginar a natureza dos processos bioquímicos que geram a energia necessária para elevar ao ar as pesadas e pouco aerodinâmicas formas do corpo de um besouro. Outras vezes o vôo dos insetos caracteriza-se pela suavidade, como ocorre com as borboletas: elas dispõem de asas com ampla superfície para a movimentação do ar, associadas a corpos pequenos e leves.

A dinâmica do vôo das aves é diferente. Toda a sua estrutura óssea e muscular está adaptada para o vôo: membros anteriores modificados para servir de asas; revestimento corpóreo de material pouco denso; formas do corpo que oferecem a menor resistência ao avanço dentro da massa gasosa da atmosfera. Vale observar, entretanto, que existem exceções, como nos casos do avestruz, da ema, do pingüim etc.

O princípio geral do vôo das aves consiste em provocar a compressão do ar (movimentando as asas para baixo), forçando sua resistência para gerar uma força resultante para cima (sustentação) e para a frente (tração), que permite o deslocamento do animal. O retorno das asas

CID

Figura 44. Ave em vôo planado.

para a posição superior é acompanhado de um movimento de suas penas, destinado a facilitar o escoamento do ar.

Certas aves, como os albatrozes, as águias, os nossos urubus e gaviões, podem realizar longos vôos praticamente sem movimentar as asas, usando a técnica do planeio e aproveitando as térmicas, correntes ascendentes de ar. Às vezes o controle do vôo é admirável, como no caso dos beija-flores, que, graças ao rapidíssimo movimento de suas asas, conseguem permanecer parados no espaço ou mesmo voar para trás. E há também as aves de rapina, capazes de realizar vôos em mergulho para apanhar suas presas, atingindo altas velocidades.

Uma interessante questão ligada ao vôo das aves é a da migração. Algumas aves podem se deslocar por milhares de quilômetros, atravessando oceanos e continentes, em busca de ambientes propícios ao seu repouso e procriação. Nesse contexto de longos percursos, chama a atenção a capacidade de orientação espacial, que permite a transposição de grandes distâncias, sem perder o rumo, e o posterior retorno aos lugares previamente usados para cumprimento dos ciclos biológicos. O fenômeno não está totalmente explicado, mas já foram levantadas várias hipóteses para explicar essa habilidade, tais como a orientação pela luz polarizada do Sol, pelas linhas do campo magnético terrestre etc.

◆ O vôo artificial: o homem lança objetos ao espaço

O homem sempre sonhou com a possibilidade de se elevar, controladamente, ao espaço para descortinar novos horizontes, ampliando seu campo de visão e ganhando mais uma dimensão na sua locomoção. Diante da impossibilidade de realizar esse desejo, o homem primitivo chegou a criar dispositivos muito engenhosos para levar as suas ações a longas distâncias através do ar.

Os aborígines australianos desenvolveram o bumerangue, interessante arma cuja origem alguns historiadores atribuem aos antigos egípcios. Trata-se de um artefato geralmente feito de madeira, formado por dois segmentos unidos em um ângulo que varia entre 70 e 120 graus; seu comprimento total pode ser de 30 até 70 centímetros, e apresenta uma massa de cerca de 200 gramas. As hastes do bumerangue são cuidadosamente trabalhadas, a fim de apresentarem um perfil aerodinâmico. Quando convenientemente lançado, o objeto desloca-se executando um movimento giratório sobre um suposto eixo existente no encontro dos segmentos. O percurso descreve uma trajetória curva, fazendo com que ele retorne ao lugar do lançamento, caso não atinja o alvo (por exemplo, um animal que esteja sendo caçado). Os aborígines australianos conseguem atirar seus bumerangues a uma distância de até 100 metros, antes que estes iniciem o movimento de retorno; nesse trajeto eles podem elevar-se a uma altura de até 50 metros.

As pipas ou papagaios (ou pandorgas, como se diz em alguns lugares da Região Sul do país) são outros objetos voadores que fazem a delícia de muitas pessoas nas estações do ano marcadas pelos ventos. A técnica de

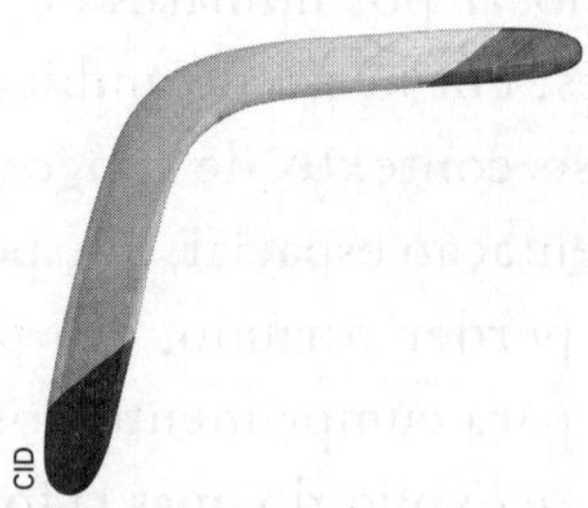

Figura 45. O bumerangue pode ser utilizado em atividades esportivas, na caça e até mesmo para colher frutas.

soltar uma pipa consiste em elevar aos ares estruturas leves, confeccionadas nas mais variadas formas e recobertas por papel, tecido muito fino ou, de uso mais recente, filme plástico. A força propulsora resulta do vento, mas costuma-se iniciar a elevação com um rápido e curto movimento de arraste. As pipas são ligadas a fios manobrados pelas mãos do lançador e mantêm-se em equilíbrio devido a seus longos rabos.

Segundo a tradição, as pipas foram inventadas pelo grego Árquitas, nascido em Tarento muitos anos antes da nossa era. O fato é que, há muitos séculos, os povos orientais (chineses, japoneses, malaios etc.) já conheciam o seu uso, e algumas tribos selvagens (como os maori da Nova Zelândia) já se divertiam com o seu vôo; a cultura oriental preserva muitas histórias e lendas a respeito do emprego das pipas. Como já mencionado, o vôo das pipas resulta de uma força de sustentação decorrente do deslocamento da sua superfície, vencendo a resistência do ar. Os diversos formatos de pipas, bem como os tipos de ligação dos fios que as tracionam e outros fatores, são responsáveis pelo fluxo do ar sob as suas superfícies e pelo decorrente aparecimento dessa sustentação.

Os papagaios já foram empregados para elevar equipamentos meteorológicos, máquinas fotográficas, luzes de sinalização e até observadores. Entretanto o uso mais famoso dos papagaios talvez tenha ocorrido em 1752, quando o estadista e cientista norte-americano Benjamin Franklin conseguiu demonstrar, com o auxílio de pipas e instrumentos adequados, a existência da eletricidade atmosférica.

Outro dispositivo idealizado pelo homem e destinado a ascender aos ares são os balões, tão comuns e perigosos (e, por isso, de uso proibido). Avistados principalmente no período de festas juninas, são construídos de papel bem leve, de forma que definam certo volume de ar, quando inflados. Na parte inferior há uma abertura delimitada por um aro metálico, responsável pela sustentação de uma tocha impregnada com um material inflamável. Ao ser acesa, a tocha aquece o ar no interior do balão, fazendo com que ele se dilate e passe a ter densidade menor que a do ar externo; isso gera uma força ascensional, que eleva o balão aos ares. Na realidade, é proibido soltar balões porque o fogo da tocha pode incendiar a armação de papel e provocar a queda de todo o conjunto, dando início a focos de incêndio em florestas, plantações, instalações industriais, depósitos de combustíveis etc.

◆ O homem voa com o mais leve que o ar

Na realidade, o homem ainda almejava voar e, com os dispositivos que lançava ao espaço, buscava caminhos para a concretização desse sonho, acalentado desde os tempos mitológicos da Grécia. As primeiras tentativas sérias consistiram em elevar aos ares os balões das festas de São João.

A subida na atmosfera do primeiro balão data de 1782, uma façanha realizada pelos irmãos Joseph Michel e Jacques Etienne Montgolfier. No ano seguinte, eles construíram um globo de tecido com cerca de 30 metros de circunferência, que foi inflado sobre uma fogueira; o balão elevou-se a uma grande altura e desceu após cerca de 10 minutos, tendo percorrido uma distância de quase 2,5 quilômetros.

Alguns historiadores contestam o pioneirismo dos irmãos Montgolfier no lançamento de grandes balões. Eles afirmam que, em 1709, o padre brasileiro Bartolomeu Lourenço de Gusmão, então com 74 anos de idade, ergueu-se do solo dentro de uma cesta de vime, em forma de pássaro, presa a um balão bojudo, cheio de ar quente. Gusmão teria viajado da praça da Casa da Índia ao Terreiro do Paço, em Lisboa, diante de uma platéia composta do rei dom João V, sua corte e numerosa massa popular.

Muitos pesquisadores, entretanto, não consideram verídico o vôo do padre Gusmão. Assim, registram que o primeiro vôo tripulado de um balão a ar quente só se realizou em 21 de novembro de 1783, com o aperfeiçoamento dos balões. Na verdade, o primeiro vôo tripulado ocorrera um pouco antes, só que os tripulantes foram um carneiro, um pato e um galo, mantidos dentro de uma gaiola presa ao balão. Esse vôo atingiu uma altura de aproximadamente 500 metros e percorreu cerca de 3 quilômetros em 8 minutos. Conta-se que, de toda a "tripulação", apenas o galo se feriu... como resultado de uma chifrada de seu companheiro de viagem.

Poucos dias após o primeiro vôo tripulado humano, o físico Jacques Alexandre Charles sugeriu que se inflasse o balão com o gás hidrogênio, reconhecidamente mais leve que o ar; para tanto, o balão teria de ser fabricado com seda impermeabilizada por um verniz à base de uma solução de goma elástica (solução de borracha em solvente orgânico). O próprio Charles testou a idéia, elevando-se aos ares num balão a hidrogênio. Segundo os historiadores, ao pousar, foi recebido por um grupo de camponeses aterrorizados, que, armados com seus forcados (espécie de garfo enorme, usado na manipulação de restos de plantas), atacaram e destruíram o balão. Cabe lembrar que esse mesmo físico enunciou a lei que relaciona o volume de um gás com a temperatura, hoje conhecida como Lei de Charles; talvez essa lei tenha se originado no seu interesse pelos balões.

Também interessantes foram as ascensões empreendidas pelo francês Jean François Pilatre de Rozier, que realizou várias experiências em balões cativos, isto é, presos à Terra por longas cordas. Nesse caso a novidade residia no fato de o balonista levar consigo um braseiro como fonte de calor para manter quente o ar do balão e, assim, prolongar sua estada nos ares. Esse sistema logo se generalizou, e os balonistas modernos já empregam maçaricos alimentados a gás propano, com os quais conseguem controlar a temperatura dos gases do ar interior, determinando a subida ou a descida dos seus balões.

Os balões inflados a hidrogênio apresentavam alguns problemas que dificultavam o seu uso. Para descer, era preciso soltar uma porção do hidrogênio, o que era feito pela abertura de uma válvula situada na parte mais alta do globo e comandada da cesta do balonista, por meio de uma corda. Outro ponto desfavorável consistia na grande capacidade de difusão do hidrogênio, fato que exigia uma boa impermeabilização do tecido do globo; porém a operação nunca impedia totalmente a saída do gás, determinando a perda da capacidade ascensional. Havia também o perigo de incêndio e mesmo de explosão, pois, como sabemos, o hidrogênio é muito combustível e forma com o ar uma mistura explosiva.

Os balões tiveram, e continuam tendo, um papel importante no estudo da atmosfera. Durante muitos anos serviram para elevar observadores e aparelhos científicos destinados a medir as temperaturas, os graus de umidade, as pressões atmosféricas, a direção dos ventos a várias altitudes;

alguns balões, que hoje chamaríamos de "pressurizados", chegaram a atingir grandes alturas. Atualmente ainda se empregam os chamados "balões-sonda". Eles transportam instrumental científico para coleta de dados que, posteriormente, são enviados por radiotransmissores a estações terrestres; em alguns casos, os balões, ou o seu instrumental, são recuperados depois de uma queda controlada. Um dos mais interessantes usos recentes dos balões de sondagem data de 1976, quando Jim Anderson (pesquisador da Universidade de Harvard, nos Estados Unidos, envolvido nos estudos do depauperamento da camada de ozônio) recorreu aos balões para detectar a presença do óxido de cloro na ozonosfera.

Até o final do século XIX, o grande defeito da navegação por balões encontrava-se na dirigibilidade: as aeronaves ficavam ao sabor dos ventos, sendo impossível controlar a direção do seu trajeto, a não ser procurando ventos favoráveis em diferentes altitudes. Esse problema foi resolvido pelo brasileiro (residente em Paris) Alberto Santos Dumont, entre outros. Ele projetou um balão de forma alongada, que trazia suspenso, além da tradicional cesta do navegador, um outro dispositivo: tratava-se de um motor de explosão que servia para movimentar uma hélice. Isso permitia o deslocamento horizontal do balão, cuja direção podia ser modificada por planos verticais (lemes) suspensos na parte de trás da aeronave e manobrados pelo balonista.

CID

Figura 46. Espetáculo aéreo com balões de ar quente.

Figura 47. Vôo histórico do balão dirigível *Santos Dumont 6*, que circundou a Torre Eiffel em 19 de outubro de 1901.

Figura 48. Alberto Santos Dumont (1873-1932).

Graças a essa engenhosa disposição de equipamentos, Santos Dumont conseguiu realizar, em 1901, o seguinte vôo controlado: partiu do Parque de Aerostação de Saint Cloud em direção a Paris, contornou a Torre Eiffel e retornou ao ponto de partida, completando um percurso de 11 quilômetros em menos de 30 minutos. Tal proeza garantiu a Santos Dumont o Prêmio Deutsch de la Meurthe, no valor de 100 mil francos.

A dirigibilidade dos balões criou um novo tipo de aeronave, o chamado "dirigível", inflado com um gás mais leve que o ar (geralmente o hidrogênio) e autopropelido. A diferença fundamental entre os dirigíveis e os balões livres residia na autopropulsão daqueles e na possibilidade de dirigir o seu vôo por meio de superfícies horizontais e verticais móveis (os lemes de direção e de profundidade, respectivamente).

A tecnologia de construção dos dirigíveis compreendia dois tipos básicos: os rígidos e os não-rígidos. Os primeiros possuíam uma estrutura metálica (geralmente feita de alumínio), que lhes dava a forma alongada e servia de suporte para as cabines de comando, de passageiros, motores e demais estruturas de apoio da aeronave. Essa estrutura (ou esqueleto) era revestida por um tecido de algodão devidamente impermeabilizado contra a água. No interior do corpo do dirigível havia balonetes cheios de gás hidrogênio, que proviam a força ascensional necessária.

Tornaram-se famosos os dirigíveis alemães conhecidos como "zepelins", por terem sido desenvolvidos pelo conde Ferdinand von Zeppelin. A primeira dessas aeronaves realizou seu vôo inaugural em 2 de julho de 1900. Elas podiam transportar grandes massas e elevado número de passageiros, passando a realizar vôos transatlânticos com freqüência regular. Os dirigíveis mais famosos foram os alemães *Graf Zeppelin* e *Von Hindenburg* e os norte-americanos *Macon* e *Los Angeles*. Um trágico acidente marcou o fim do uso comercial desses grandes dirigíveis. Em 6 de maio de 1937, após ter cruzado o Atlântico Norte, o *Von Hindenburg* alcançou Lakehurst, no estado de Nova Jersey, Estados Unidos. Ao serem feitas as manobras de atracação, ocorreu um incêndio de grande proporção afetando toda a estrutura, que desabou ao solo, matando 36 pessoas, entre tripulantes e passageiros. O início do fogo foi atribuído a faíscas de eletricidade estática, que teriam surgido no momento em que as cordas de atracação atingiram o solo.

Esse e outros desastres desencorajaram os construtores, e a partir de então os dirigíveis passaram a ter uso muito restrito. Um dos fatores determinantes do desânimo consistia no perigo, sempre presente, do uso de grandes volumes de hidrogênio. Surge aqui uma questão interessante: o hidrogênio pode ser substituído, em balões e dirigíveis, pelo gás hélio, cuja capacidade ascensional é pouco menor que a do hidrogênio, mas apresenta a grande vantagem de não ser inflamável ou explosivo, dada a sua inércia química. Ocorre, porém, que o hélio é bastante raro e, como visto anteriormente, os Estados Unidos detêm praticamente o monopólio de sua produção. Por razões estratégicas, os norte-americanos não admitiam o fornecimento desse gás aos dirigíveis alemães, o que acabou determinando a desativação dessas aeronaves.

Ainda hoje, empregam-se pequenos dirigíveis em operações militares (por exemplo, na vigilância costeira, nos Estados Unidos), para fins de propaganda comercial (como os famosos "dirigíveis Goodyear"), para obtenção de vista aérea de grandes eventos (quando portam câmaras de televisão), entre vários outros objetivos. Tais dirigíveis são do tipo não-rígido, isto é, não possuem estruturas internas metálicas sustentadoras, mantendo a forma pela pressão do gás no seu interior. Seu invólucro, portanto, deve ser de tecido impermeabilizado. A denominação comum dessas pequenas aeronaves é *blimp*, palavra inglesa de origem desconhecida, também usada na gíria norte-americana para designar pessoas gordas.

◆ O homem e suas estranhas máquinas voadoras

No caso dos balões ou dos dirigíveis, a ascensão na atmosfera resulta da existência de certo volume de um gás menos denso que o ar (ar quente, hidrogênio ou hélio), que tende a subir, gerando a força ascensional. Mas esse ainda não era o vôo ambicionado pelo homem. Ele queria voar à semelhança das aves: sonhava com asas que, movimentadas com a sua própria força muscular, pudessem elevá-lo aos ares, permitindo que ele vencesse a força de gravidade que o prendia ao solo. Esse tinha sido o sonho de Dédalo e Ícaro.

A lenda de Ícaro

Conta a mitologia grega que o rei Minos incumbiu Dédalo de construir um labirinto, no qual pudesse ser encerrado o terrível monstro Minotauro. Tempos depois, Teseu, com o auxílio de fio que Ariadne lhe tinha dado, conseguiu penetrar no labirinto e matar o Minotauro. Informado de que Dédalo havia fornecido o fio salvador a Ariadne, Minos, irado, mandou prender Dédalo no mesmo labirinto. Este, já saudoso da pátria, resolveu fugir, juntamente com seu filho Ícaro, resultado do seu amor a uma escrava de Minos.

O labirinto ficava na Ilha de Creta, que estava cercada pelos navios reais. O único caminho aberto para a fuga era o dos ares. Então Dédalo fabricou para si e para o filho asas que se prendiam nas espáduas e nos braços. Recomendou, porém, a Ícaro: "Para poderes atravessar a imensidão dos mares e chegar a lugar seguro, voa bem no centro dos ares, nem muito alto nem muito baixo. Se te mantiveres muito alto, o fogo dos céus te queimará, e, se teu vôo for muito baixo, a umidade das águas tornará tuas asas muito pesadas".

Dédalo alçou vôo, sendo logo seguido por Ícaro, e ambos conseguiram ultrapassar os navios que cercavam a ilha e alcançar o mar aberto. Mas Ícaro, no entusiasmo do vôo, esqueceu as sábias advertências do pai e seguiu para as regiões serenas em que habitam os astros. Os raios do Sol ardente aqueceram e amoleceram a cera perfumada que segurava as asas ao seu corpo; as asas se destacaram, e Ícaro caiu no mar profundo, afogando-se. A lenda termina contando que Dédalo escapou e atingiu a terra firme, tendo então erguido magnífico templo em louvor a Apolo.

Leonardo da Vinci, que viveu entre os anos 1452 e 1519, destacou-se como um dos maiores gênios da humanidade. Nascido na Itália, foi pintor, escultor, arquiteto, músico, mecânico, engenheiro e filósofo. Entre os projetos por ele desenhados, mas nunca executados, está o de uma máquina para voar baseada em engenhosos mecanismos que movimentavam asas. Autores antigos também deixaram estudos e comentários sobre o vôo do homem; alguns chegaram à conclusão de que a façanha seria impossível, pois os músculos humanos não teriam energia suficiente para mover asas que os levassem aos céus.

As idéias iniciais para o desenvolvimento de uma máquina que pudesse se elevar, carregando uma certa massa e sem apoio no princípio da aerostação (isto é, sem ser um balão ou um dirigível), nasceram das observações sobre o funcionamento de pipas. Uma superfície plana, devidamente impulsionada pelo vento ou tracionada por um fio, pode subir em decorrência da pressão exercida pelo ar que se comprime na sua parte inferior. A idéia foi melhorada com a hipótese de esse deslocamento na atmosfera ocorrer de forma independente. A resistência ao avanço provocado pelo ar poderia ser controlada, caso se dotasse essa superfície de um dispositivo capaz de movimentar uma hélice que venceria essa resistência. Assim, a pressão do ar comprimido na sua parte inferior geraria uma força de sustentação, que manteria o conjunto voando.

D. LÓPEZ BALABASQUER/CID

Figura 49. Reconstrução de máquina para voar desenhada por Leonardo da Vinci por volta de 1500, exposta no Museu Acciona, em Madri, Espanha.

A história da tecnologia cita inúmeros experimentadores que conseguiram se elevar à atmosfera, percorrendo certa distância. Entretanto são considerados pioneiros o brasileiro Alberto Santos Dumont e os irmãos norte-americanos Wilbur e Orville Wright. Santos Dumont, depois de várias tentativas, construiu o *14-bis*, máquina voadora com a qual realizou um vôo pilotado, em Paris, no dia 23 de outubro de 1906, percorrendo 60 metros a 3 metros de altura. Em 1908 os irmãos Wright conseguiram repetir a proeza de um vôo independente. Foram os primeiros aeroplanos, que iniciaram a era do transporte por equipamentos mais pesados que o ar.

O advento da Primeira Guerra Mundial (1914-1918) trouxe um progresso extraordinário para a aviação: os aviões (assim como os dirigíveis) passaram a ser instrumentos de guerra e de destruição, pois permitiam o transporte de explosivos e o bombardeio de territórios fora do alcance dos canhões da época. A melhoria das aeronaves só se tornou realmente possível depois que a tecnologia aeronáutica passou a aplicar velhos conhecimentos da física relativos à mecânica dos fluidos – principalmente no que diz respeito ao seu escoamento, à resistência oferecida aos objetos que neles se deslocam, às formas que menos oferecem resistência aos seus fluxos, enfim ao que viria a caracterizar a estrutura teórica e prática da chamada "aerodinâmica". Era uma maneira de lutar contra a atmosfera, tirando o máximo de vantagem de suas propriedades em favor do vôo dos equipamentos mais pesados que o ar.

Assim, os estudos tecnológicos dirigiram-se para o fluxo do ar ao redor dos aviões em movimento, para a forma das estruturas aerodinâmicas, para as dimensões e posições das asas e das superfícies de controle, para os sistemas de propulsão e muitos outros problemas. Essa tecnologia pôde se desenvolver de modo extraordinário com a construção dos túneis de vento, recintos adequados nos quais são testados modelos de aeronaves ou de suas partes, submetendo-os a correntes de ar (ventos) geradas por hélices convenientemente posicionadas. Sensores ligados a esses modelos permitem coletar dados sobre o seu desempenho em várias situações de velocidade de vento e de outras variáveis de interesse. Nos túneis de vento, os modelos podem ser submetidos a velocidades de ar subsônicas ou supersônicas.

A aplicação dos princípios teóricos desenvolvidos pela física (principalmente pela mecânica dos fluidos) viabilizou a definição do melhor perfil para as superfícies que deveriam interagir com o ar e determinar o vôo das aeronaves. A esses perfis, deu-se o nome de "aerofólio" (veja a figura 50).

O perfil dos aerofólios tem variado bastante quanto às curvaturas das suas superfícies superiores e inferiores, largura, grau de arredondamento da parte anterior e de afunilamento na parte posterior. Todos esses fatores determinam, junto com o chamado "ângulo de ataque", a força de sustentação. Essa força resulta das velocidades diferenciadas entre os fluxos do ar na face superior e na face inferior do aerofólio. Como a velocidade é maior na face superior, há uma pressão menor do ar nessa porção do aerofólio; isso determina a tendência de ele se deslocar da parte de maior pressão (face inferior) para a de menor pressão (face superior), gerando então uma força dirigida para cima, que é a sustentação.

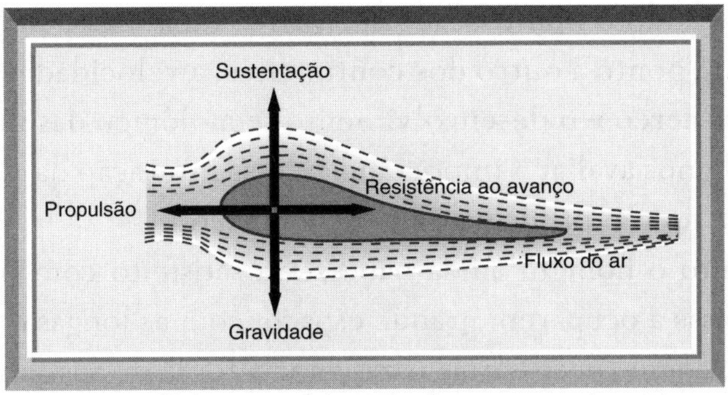

Figura 50. Perfil de um aerofólio e das forças associadas a ele.

Toda a estrutura do avião está ligada às suas asas com os seus perfis de aerofólios: os propulsores, a fuselagem (que sustenta a cabine de comando e a de passageiros), os planos de comando (leme de direção e profundor), os dispositivos para aterrissagem etc.

Os propulsores consistem em dispositivos que interagem com a atmosfera, determinando o avanço da aeronave. Os propulsores tradicionais são hélices movimentadas por motores de explosão, ou turbinas, que operam por um efeito semelhante (em termos muito gerais) ao de um saca-rolhas que penetra num material qualquer. Obteve-se um progresso sensível na propulsão com a substituição dos motores a hélice pelos motores a jato. Nestes, um jato de gases quentes (gerados pela queima do combustível junto a uma corrente forçada de ar) é expelido a alta velocidade por uma abertura posterior do equipamento. Entra em cena, então, o Princípio da Ação e Reação: "toda ação provoca uma reação igual e dirigida em sentido contrário". O jato de gases dirigido para trás provoca o deslocamento do conjunto motopropulsor para a frente e, com ele, de toda a aeronave.

Todo esse equipamento exige uma série de controles, que são manipulados por uma tripulação altamente qualificada. Além dos equipamentos de vôo propriamente ditos, há aqueles que informam ao piloto a altitude da aeronave, a direção da rota e muitos outros dados indispensáveis, sobretudo nos vôos noturnos ou sem visibilidade da superfície da Terra sobre a qual o avião se desloca.

Considerando o número de passageiros ou a massa da carga transportada de um ponto a outro dos continentes, a velocidade e o conforto do transporte aéreo e o desenvolvimento tecnológico das modernas aeronaves, podemos avaliar a importância dessa interação da máquina com a atmosfera e todo o progresso que dela derivou.

Entretanto o homem ainda não estava satisfeito com os aviões comuns e suas asas a ocuparem grande espaço, com as longas e rápidas corridas na decolagem (necessárias para gerar a força de sustentação e fazê-los vencer a gravidade, elevando-os aos ares) e com as decorrentes corridas para desacelerar os aviões e fazê-los pousar suave e seguramente.

Em 1920, na Espanha, Juan de la Cierva idealizou uma máquina voadora que ele batizou de "giroplano". Ela era impulsionada por uma hélice, montada horizontalmente sobre um suporte localizado mais ou menos no centro do aparelho; um motor de explosão fazia funcionar na frente da fuselagem uma hélice convencional. Com uma rápida corrida sobre o terreno, os rotores horizontais passavam a gerar uma força de sustentação que levava o aparelho aos ares, dispensando asas e perfis de aerofólios. Os aperfeiçoamentos subseqüentes resultaram na eliminação da hélice frontal e na introdução de um motor de explosão ou a jato (posicionado horizontalmente após outras modificações essenciais do projeto) para a movimentação do rotor superior. Surge daí o helicóptero, que ganha importância a cada dia, devido à possibilidade de subida e descida vertical, à capacidade de permanecer "parado" no ar e de realizar manobras rápidas e precisas.

Do bumerangue dos aborígines australianos, passando pelos desenhos e projetos de Leonardo da Vinci, a humanidade vem colocando a atmosfera a seu serviço graças à correta aplicação dos princípios científicos. O homem realizou enfim o sonho de Dédalo e Ícaro: elevou-se aos ares, deslocou-se na atmosfera, voou!

Quando os sonhos do homem se tornam nocivos

Na ânsia de vencer distâncias e encurtar o tempo, o homem idealizou máquinas voadoras que o transportariam a grandes altitudes e a velocidades superiores à do som. Vários países de tecnologia mais avançada puseram em suas pranchetas os planos desses modelos supersônicos, mas o único que vingou (e que serviu à aviação comercial) foi o avião supersônico Concorde, resultante de uma parceria franco-britânica. O desenvolvimento desses projetos despertou a atenção daqueles que zelavam pela integridade da atmosfera, desencadeando grandes discussões sobre a possibilidade de essas máquinas injetarem na estratosfera um volume razoável de gases contendo vapor d'água, óxidos de carbono e de nitrogênio. A discussão acirrou-se, e alguns projetos foram abandonados. Atualmente o sonho de uma nova geração de aviões supersônicos envolve um sistema de investigações da estratosfera, no qual se verifica até que ponto esses aviões poderão realmente alterar a composição dessa região da atmosfera.

Outro aspecto que tem despertado controvérsia, em especial entre os urbanistas e os ambientalistas, diz respeito à localização dos aeroportos. Essas áreas transformam-se, fatalmente, em pólos de nucleação de novos bairros, cujos moradores sofrem com os altos níveis de poluição sonora inerentes aos processos de decolagem e aterrissagem de aviões a jato. Surge, então, a luta entre a administração pública e as populações que vêem suas propriedades desvalorizadas por esse fato.

Há outro aspecto – mais raro e bem mais impressionante – da poluição sonora relacionada com a aviação. Trata-se da explosão supersônica, que ocorre toda vez que a aeronave ultrapassa a barreira do som, isto é, quando a sua velocidade se torna superior ou inferior à da propagação do som. O ruído é tão intenso que chega a produzir danos materiais em propriedades situadas na superfície, além de prejudicar os rebanhos. Em razão disso, procura-se fazer uma escolha cuidadosa dos aeroportos utilizados por essas aeronaves, de maneira que as suas rotas de decolagem ou de aproximação situem-se sobre os oceanos ou regiões despovoadas.

Considerações finais

Chegamos ao fim de uma longa "conversa" sobre os fatos ligados à atmosfera do nosso planeta. Como vimos, ela não é apenas uma das partes que compõem a Terra. Ela é indispensável à vida, permitindo que o ser humano, os outros animais e as plantas existam e se reproduzam.

Nossa "conversa" deixou claro que a atmosfera não conhece as fronteiras geopolíticas que delimitam as nações. Os seus gases, bons ou maus, espalham-se pela superfície terrestre, levados pelos ventos. Diante disso, as pessoas precisam entender que a atmosfera deve ser preservada, apesar de às vezes ela agir aparentemente contra a vida, com seus temporais, suas chuvas pesadas e suas faíscas elétricas. Qualquer contaminação originada num país pode afetar outros países (lembre-se o caso da chuva ácida, por exemplo).

As atividades tecnológicas são necessárias – afinal, com elas se constrói a riqueza das nações –, mas não podem danificar as qualidades da atmosfera. A ciência da atmosfera deve mostrar os melhores caminhos para que o ser humano viva e desenvolva a sua cultura e as suas fontes de produção de riqueza, sem poluir a atmosfera e, portanto, sem prejudicar os seus semelhantes, que têm direito de respirar um ar puro e saudável.

Algumas teorias do final do século passado atribuem à Terra e sua atmosfera o comportamento de um organismo vivo. O planeta tem a sua anatomia, a sua fisiologia e apresenta também as suas doenças, que surgem como alterações sensíveis das suas qualidades. Aceitando esse princípio, a humanidade deve não só procurar processos de cura que eliminem as alterações "doentias", mas também instalar sistemas de prevenção para evitar que tais alterações venham a prejudicar o bem comum: o nosso planeta e, conseqüentemente, a vida, que compreende desde os microrganismos até os enormes animais e vegetais e, sobretudo, a criatura humana.

Tanto quanto vislumbramos, a Terra é o nosso lar, ao qual se adaptaram todas as formas conhecidas de vida, e por ora não temos outra opção viável a não ser nela viver. Os sonhos de colonizarmos novos planetas talvez nunca venham a ser concretizados. Sendo a Terra o nosso hábitat, sua atmosfera é o nosso grande manto protetor. Preservá-la é uma necessidade vital!

Sites na internet

http://www.mct.gov.br/clima

Site do Ministério da Ciência e Tecnologia brasileiro, com muitas informações sobre mudanças do clima (Convenção Quadro, Protocolo de Kyoto, dados etc.)

http://www.inpe.br

Site do Instituto Nacional de Pesquisas Espaciais, com informações diversas sobre ciências espaciais, meteorologia, previsão do tempo e clima, observação da Terra por satélites etc.

http://solarsystem.nasa.gov/planets/index.cfm

Site que contém informações detalhadas e atualizadas sobre os planetas do Sistema Solar.

http://www.unep.org/ozone/home.htm

Site dedicado especificamente à questão do depauperamento da camada de ozônio. Contém informações sobre as ações tomadas para proteger a camada de ozônio e relatórios atualizados sobre a sua situação.

http://unfccc.int e http://www.ipcc.ch

Sites dedicados especificamente à questão das mudanças de clima. Contêm informações relacionadas ao Protocolo de Kyoto e relatórios atualizados (dos pontos de vista científico, técnico e socioeconômico) com informações relevantes para o entendimento dessa questão.